高等院校计算机算机系列"十三五"规划教材

Java 程序设计实验教程

主编 李 飞

副主编 张军田 郑捷泽

刘光灿

西安电子科技大学出版社

内容简介

本书是《Java程序设计》(李飞等主编，西安电子科技大学出版社出版)的配套实验教材。

本书针对《Java程序设计》的章节，依照实验目的、实验预习、实验内容、思考与练习等步骤有序地构架实验教材，兼顾了对学生先期知识的掌握以及后期所涉及的书的排序。全书围绕Java开发工具与图形用户界面设计、Java程序设计基础、Java程序的流程控制、数组和字符串、面向对象程序设计的基础知识、Java程序设计的高级特性、Java异常处理、Java输入输出流、GUI组件、小程序、多线程、网络编程和综合设计性实验案例等14个实验。其中，综合设计性实验从项目开发的角度体现出使用Java语言进行设计开发的魅力，是本书的一大特色。

本书可作为本、专科院校Java程序设计课程的实验指导用书，也可作为Java自学者的入门用书。

图书在版编目(CIP)数据

Java程序设计实验教程 / 李飞等主编. —西安：西安电子科技大学出版社，2019.3

ISBN 978-7-5606-5295-5

Ⅰ.①J… Ⅱ.①李… Ⅲ.①JAVA语言—程序设计—教材 Ⅳ.①TP312.8

中国版本图书馆CIP数据核字(2019)第050417号

策划编辑 刘小莉
责任编辑 郑一锋 图图
出版发行 西安电子科技大学出版社(西安市太白南路2号)
电 话 (029)88242885 88201467 邮 编 710071
网 址 www.xduph.com 电子邮箱 xdupfxb001@163.com
经 销 新华书店
印刷单位 陕西日报社有限责任公司
版 次 2019年3月第1版 2019年3月第1次印刷
开 本 787毫米×1092毫米 1/16 印 张 13
字 数 304千字
印 数 1～2000册
定 价 30.00元

ISBN 978-7-5606-5295-5/TP

XDUP 5597001-1

*** 如有印装问题可调换 ***

本社图书封面为激光防伪覆膜，谨防盗版。

前　言

Java 语言作为当今最流行的面向对象的通用程序设计语言，它以平台无关、简单高效、纯面向对象和强大的 API 基础类库等特点深受广大程序员的欢迎。在现代社会中，各种电子产品的智能化、网络化为 Java 提供了广阔的应用领域，使得 Java 成为当今互联网和移动互联网领域最流行、最受欢迎的一种程序开发语言。

作为当代大学生，无论学什么专业，都必须具备计算机基础知识和简单的程序设计能力。非计算机专业的学生更应该在学好本专业的专业课程的同时，掌握一种通用的能够终身受益的计算机语言。

本书遵循教育部高等学校非计算机专业基础课程教学指导委员会《关于进一步加强高等学校计算机基础教学的意见》中关于"计算机程序设计基础"课程的教学要求编写，是《Java 程序设计》(李飞等主编，西安电子科技大学出版社出版)的配套实验教材，主要为 Java 初学者和学习 Java 语言的学生提供实验指导和课程设计指导。

全书共 14 个实验。其中，实验一至实验十三属于验证性实验，主要帮助学生掌握《Java 程序设计》中相关章节的各个知识点，以提高学生的编程和程序调试能力。实验十四是设计性实验，通过一个简单的 Java 项目帮助学生使用面向对象的程序设计方法解决现实问题，进而较深入地了解程序设计的过程，为今后自学其他计算机课程打下基础。

书中所有代码均在 JDK1.8 运行环境中利用 Eclipse 4.7 工具调试通过，供读者参考。

本书由东北大学秦皇岛分校李飞担任主编，张重阳、祝群喜担任副主编，参与编写的还有高齐新、陈洁等。本书编写过程中得到了东北大学秦皇岛分校计算中心全体老师的支持，在此表示感谢。

由于编者水平和编写时间所限，书中难免有不妥之处，恳请广大读者提出宝贵意见。编者邮箱：lf@neuq.edu.cn。

编　者
2018 年 12 月

目 录

实验一　Java 开发工具与简单程序设计 1
   1.1　实验目的 1
   1.2　实验预习 1
      1.2.1　JDK 开发工具的下载及安装 1
      1.2.2　Java 应用程序执行过程 5
      1.2.3　Eclipse 的下载与操作 6
   1.3　实验内容 9
   1.4　思考题与练习程序 11

实验二　Java 程序设计基础 12
   2.1　实验目的 12
   2.2　实验预习 12
      2.2.1　基本数据类型 12
      2.2.2　数据类型的转换 13
      2.2.3　运算符和表达式 13
      2.2.4　包装类 14
   2.3　实验内容 14
   2.4　思考题与练习程序 19

实验三　Java 程序的流程控制 21
   3.1　实验目的 21
   3.2　实验预习 21
      3.2.1　算法 21
      3.2.2　顺序结构 23
      3.2.3　选择分支结构 23
      3.2.4　循环结构 25
   3.3　实验内容 26
   3.4　思考题与练习程序 31

实验四　数组和字符串 33
   4.1　实验目的 33
   4.2　实验预习 33
      4.2.1　一维数组 33
      4.2.2　二维数组 34
      4.2.3　字符串和字符数组 34

4.3 实验内容 35
  4.4 思考题与练习程序 41

实验五 面向对象程序设计的基本知识 42
  5.1 实验目的 42
  5.2 实验预习 42
    5.2.1 类 42
    5.2.2 对象 44
    5.2.3 继承与多态 45
    5.2.4 接口与抽象类 46
    5.2.5 最终类、内部类与匿名类 47
  5.3 实验内容 49
  5.4 思考题与练习程序 61

实验六 泛型与集合 63
  6.1 实验目的 63
  6.2 实验预习 63
    6.2.1 泛型 63
    6.2.2 集合 64
  6.3 实验内容 65
  6.4 思考题与练习程序 70

实验七 Java 异常处理 71
  7.1 实验目的 71
  7.2 实验预习 71
    7.2.1 处理异常 72
    7.2.2 抛出异常 73
    7.2.3 自定义异常 74
  7.3 实验内容 74
  7.4 思考题与练习程序 79

实验八 GUI 程序设计基础 80
  8.1 实验目的 80
  8.2 实验预习 80
    8.2.1 图形界面的组成 80
    8.2.2 与 GUI 相关的包和类 81
    8.2.3 布局管理器 82
    8.2.4 事件处理机制 84
    8.2.5 GUI 容器的使用 87

| 8.3   实验内容 | 88 |
| 8.4   思考题与练习程序 | 99 |

实验九　GUI 组件 ... 100
   9.1　实验目的 ... 100
   9.2　实验预习 ... 100
      9.2.1　常用控制组件 ... 100
      9.2.2　菜单与工具栏 ... 103
      9.2.3　对话框 ... 105
      9.2.4　图形与图像 ... 106
   9.3　实验内容 ... 108
   9.4　思考题与练习程序 ... 121

实验十　Applet 小程序 ... 122
   10.1　实验目的 ... 122
   10.2　实验预习 ... 122
      10.2.1　与 Applet 相关的 HTML 标记 ... 123
      10.2.2　Applet 类 ... 124
      10.2.3　Applet 中常用的接口 ... 126
   10.3　实验内容 ... 127
   10.4　思考题与练习程序 ... 132

实验十一　流和文件 ... 133
   11.1　实验目的 ... 133
   11.2　实验预习 ... 133
      11.2.1　流的基本概念和模型 ... 133
      11.2.2　字符流的处理 ... 134
      11.2.3　字节流的处理 ... 136
      11.2.4　过滤器数据流 ... 138
      11.2.5　文件 ... 139
   11.3　实验内容 ... 141
   11.4　思考题与练习程序 ... 146

实验十二　线程 ... 147
   12.1　实验目的 ... 147
   12.2　实验预习 ... 147
      12.2.1　线程的状态 ... 147
      12.2.2　线程的创建 ... 148
      12.2.3　线程的基本操作 ... 150

12.2.4 线程组 152
　12.3 实验内容 153
　12.4 思考题与练习程序 160

实验十三　网络编程 161
　13.1 实验目的 161
　13.2 实验预习 161
　　13.2.1 网络编程基本知识 161
　　13.2.2 URL 编程 162
　　13.2.3 socket 编程 165
　13.3 实验内容 167
　13.4 思考题与练习程序 174

实验十四　综合设计性实验 175
　14.1 实验目的 175
　14.2 实验预习 175
　　14.2.1 程序设计的一般步骤 175
　　14.2.2 用例图 176
　　14.2.3 类图 176
　14.3 实验内容 178
　　14.3.1 可行分析和需求分析 178
　　14.3.2 总体设计 179
　　14.3.3 详细设计 180
　　14.3.4 编码 185
　　14.3.5 测试 196
　14.4 思考题与练习程序 198

附录 A　常见错误列表 199

附录 B　实验报告模板 200

实验一 Java 开发工具与简单程序设计

1.1 实验目的

(1) 安装 JDK；
(2) 掌握 Java 程序的编译和运行；
(3) 安装 Eclipse；
(4) 使用 Eclipse 开发 Java 程序。

1.2 实验预习

Java 是一个全面而且功能强大的语言，可用于多种环境。Java 有三个常见版本系列：

- Java 标准版(Java Standard Edition, Java SE)：可以用来开发客户端的应用程序。应用程序可以独立运行或者作为 Applet 在 Web 浏览器中运行。
- Java 企业版(Java Enterprise Edition, Java EE)：可以用来开发服务器端的应用程序，如 Java servlet、JavaServer Pages(JSP)以及 JavaServer Faces(JSF)。
- Java 微型版(Java Micro Edition, Java Me)：用来开发移动设备(比如手机)的应用程序。

本书使用 Java SE 介绍 Java 程序设计，是因为其他 Java 技术都基于 Java SE。Java SE 也有很多版本，具体使用哪种版本可视需求而定。

1.2.1 JDK 开发工具的下载及安装

我们要想使用 Java 语言，首先需要安装 Java 开发工具包(Java Development ToolKit, JDK)，获取 JDK 的方法是：访问 Java 的官网，通过官网上的链接免费下载。其网址为 http://www.oracle.com/technetwork/java/javase/downloads/index.html。打开此地址后可看到类似图 1.1 所示的界面。

从图 1.1 中可以看到，最新的版本列于最上面。本书以安装 JDK1.8 为例，找到其下载路径，下载安装包后运行，此时可看到图 1.2 所示的对话框。

点击"下一步"按钮，看到如图 1.3 所示的对话框。在此对话框中，我们可以点击"更改(C...)"按钮，修改 JDK 的安装位置。

图 1.1　JDK 下载页面

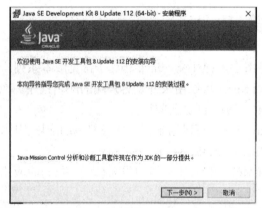

图 1.2　JDK 安装界面一

图 1.3　JDK 安装界面二

点击"下一步"按钮，进入如图 1.4 所示的文件复制界面。

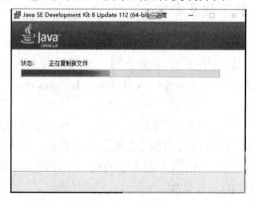

图 1.4　JDK 安装界面三

在复制结束后,显示如图 1.5 所示的 JRE 安装界面。在此界面中我们可以通过点击图 1.5 中的"更改(C...)"按钮,修改 JRE 的安装位置。

图 1.5　JDK 安装界面四

点击"下一步"按钮,可以看到如图 1.6 所示的 JRE 的安装进度对话框。

图 1.6　JDK 安装界面五

在安装完成后,显示如图 1.7 所示的结束对话框,点击"关闭"按钮结束安装。

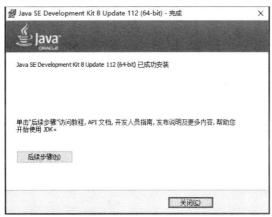

图 1.7　JDK 安装界面六

到此，JDK 的文件安装过程结束。下面需要对系统的环境变量进行设置，以方便在计算机上调试和运行 Java。

设置系统环境变量的目的主要有两个：

（1）通过设置系统环境变量，使用户无论在计算机的任何位置都能执行 Java 的字节码生成命令 javac 和 Java 的运行程序命令 java。

（2）通过设置系统环境变量，使运行的 Java 程序能够找到并运行相应的系统基础类库和 Java 字节码文件。

不同的操作系统下的环境变量的设置方法不同，本书主要介绍 Windows 操作系统下的环境变量设置过程。

首先，右键点击"计算机"图标，调出快捷菜单，选择"属性"选项，打开系统属性页面，然后选择"高级系统设置"并打开"系统属性"对话框，也可以通过打开"控制面板"选择"系统"图标，打开系统属性页面，然后选择"高级系统设置"并打开"系统属性"对话框，如图 1.8 所示。

在"系统属性"对话框中单击"环境变量(N)…"按钮，可弹出如图 1.9 所示的"环境变量"对话框。

图 1.8　Java 环境变量设置一

图 1.9　环境变量设置二

选择"系统变量"列表框下面的"新建(W)…"按钮，打开如图 1.10 所示的"新建系统变量"对话框。在其中输入新变量名"JAVA_HOME"，且在变量值栏中写上 JDK 的安装路径。当然，也可以使用"浏览目录(D)…"按钮来选择。

图 1.10　环境变量设置三

我们用同样的方法再新建一个环境变量"CLASSPATH",其变量值为".;%JAVA_HOME%\ lib;%JAVA_HOME%\lib\tools.jar"。然后,选择"Path"系统变量,再点选"编辑(I)…"按钮,调出"编辑系统变量"对话框,如图 1.11 所示。在 Path 的变量值文本框中的值的末尾添加"%JAVA_HOME%\bin;%JAVA_HOME%\jre\bin;",以便系统可以在任何位置运行 javac 和 java 命令。

图 1.11　环境变量设置四

最后,单击"确定"按钮,退出系统环境变量配置对话框,完成 Java 环境配置。在配置完成后,可以打开系统的"开始菜单"或"开始页面"(Windows 8 以后的系统),选择"Windows 的命令提示符",打开如图 1.12 所示的"命令提示符"窗口。

图 1.12　JDK 环境配置图五

在控制台(命令提示符)状态下输入"java –version"命令后按回车,以检验 Java 环境配置是否正确。如果能看到类似图 1.12 所示的 Java 的版本号,则说明配置正确。

1.2.2　Java 应用程序执行过程

Java 应用程序的执行过程主要包括编写源代码文件、生成字节码文件和执行三个步骤。

1. 编写源代码文件

编写源代码文件的过程就是把 Java 程序输入计算机并保存成扩展名为".java"的文本文件的过程。我们可以通过各种文本编辑器(如记事本、VI、notepad++等)编写源代码文件。当然,也可以使用各种 Java 语言的集成开发环境软件来生成源代码文件。

2. 生成字节码文件

生成字节码文件的过程是依靠 JDK 中的 Java 解释系统根据已有的源代码文件(扩展名为 java 的文件)生成扩展名为".class"的字节码文件的过程。生成字节码文件的命令是

　　javac 源代码文件名.java

这里要特别注意的是源代码文件的扩展名"java"不可省略。在生成字节码文件的过

程中，JDK 会检查 Java 程序的语法，如果程序中有语法错误则不会生成字节码文件，仅会在控制台报告有语法错误的语句的行的位置，以方便程序员修改源代码。

3. 执行

在生成扩展名为 class 的字节码文件后，我们可以在控制台上直接执行该字节码文件。其执行的语句格式为

   java 字节码文件名

这里的字节码文件名可以不包含扩展名"class"。在控制台上执行如上语句后，JDK 会在 Java 虚拟机上执行指定的字节码文件。

1.2.3 Eclipse 的下载与操作

Eclipse 是由 IBM 公司于 2001 年正式发布的，它是一个开放源代码的基于 Java 的可扩展开发平台，其核心包括一个框架和一组服务，通过插件组件构建满足各种需要的开发环境。随 Eclipse 基本系统附带了一个标准的插件集，包括了 Java 开发工具(Java Development Tools, JDT)，还包括插件开发环境(Plug-in Development Environment, PDE)，使用这个组件可以开发扩展 Eclipse 的插件，并使这些组件与 Eclipse 环境无缝集成。目前已经开发出众多插件，包括 C/C++、COBOL、PHP 和 Eiffel 等编程语言开发环境，Web 开发环境，软件工程建模，移动设备上运行的软件开发环境等。

在安装好 JDK 后，访问 http://www.eclipse.org/downloads，在下载页面(见图 1.13)找到适当的 Eclipse 发行包(Packages)。

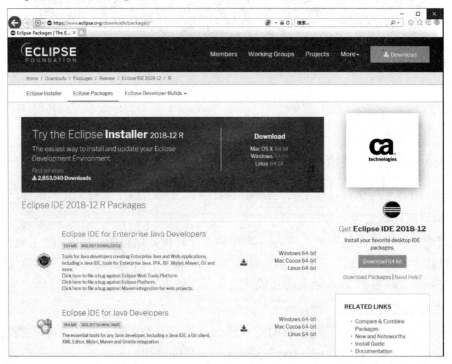

图 1.13 Eclipse 下载页面

下载的 Eclipse 通常是绿色的压缩安装包，只需在下载后简单地解压安装包即可使用。

例如，选择"Eclipse IDE for Java EE Developers"包，那么下载的是一个打包文件 eclipse-jee-oxygen-2-win32-x86_64.zip。简单解压缩该文件到一个目录中即可完成该软件的安装。只要做好了 JDK 的环境变量配置，初装的 Eclipse 即能正确运行。如果需要中文界面，还可以下载安装中文支持语言包。

在运行 Eclipse 的可执行文件后，系统首先会弹出一个如图 1.14 所示的"工作空间设置"对话框。在此对话框中，Eclipse 要求程序员设置一个目录作为自己开发 Java 程序的工作空间。工作空间是项目的集合，项目是源代码及其附属文件的集合。如果需要重新指定新的工作空间位置，程序员可以通过"Browse…"按钮打开"资源管理器"对话框选择一个目录作为工作空间，也可以直接在组合框中输入作为工作空间的目录的位置。

在单击"OK"按钮后，Eclipse 会自动进入 Eclilpse 的主界面，并将用户在 Eclipse 中所有操作所产生的文件保存在作为工作空间的目录中。

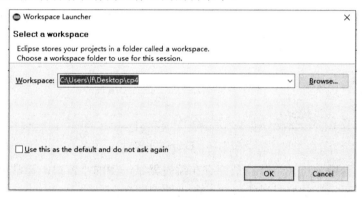

图 1.14　工作空间设置对话框

单击"OK"按钮后，将弹出 Eclipse 的欢迎界面，如图 1.15 所示。

图 1.15　Eclipse 欢迎界面

在使用 Eclipse 编写 Java 程序时需要先建立一个 Java 项目，然后在项目中创建 Java 源代码程序。通常的使用过程是：首先通过 File 菜单中的 New 选项创建一个适当的 Java 项目，然后在项目中添加相应的 Java 文件、包和其他类库文件等。

图 1.16 所示给出了 Eclipse 的主窗口。我们以 Eclipse MARS 2 版本为例，Eclipse 的主窗口是由菜单、工具栏、编辑区和若干视图组成的。

菜单和工具栏无需解释。编辑器是在 Eclipse 中进行开发活动的主要内容区域，打开的源程序文件内容就显示在编辑器中,在此可以输入、修改、删除程序源代码,也可以显示打开的文本文件内容供用户进行编辑操作。

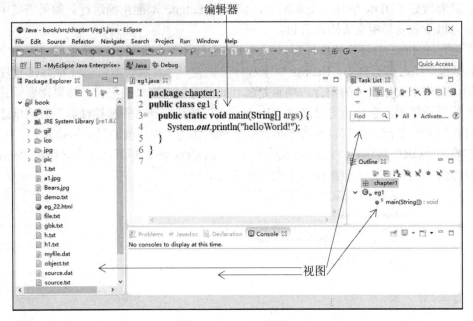

图1.16　Eclipse主窗口

视图是工作台中的可视组件,是停靠在编辑器某一侧的小窗口,通常用于显示信息的层次结构,或者显示活动编辑器的属性。常见的视图有:

(1)"工作空间"视图:用于以树形结构显示工作空间中的包、类和相关类库。

(2)"Console"(控制台)视图:用于显示 Java 程序运行的结果。

(3)"Problems"(问题)视图:用来显示 Java 程序运行和编译过程中出现的问题和问题出现的位置。此视图是调试 Java 程序不可或缺的工具。

(4) Outline 视图:它将编辑器(Editor)中的内容以由类名、成员变量名和方法名等组成的结构化大纲或者缩略图的方式展现给用户。

(5) Task List(任务列表)视图:用来显示当前 Java 程序需要运行哪些任务。此视图通常在多人合作开发 Java 项目上才使用。

此外,Eclipse 还为程序员提供了各种其他视图。如果程序员需要使用某种视图但该视图又没有显示,则需要程序员通过选择"窗口"菜单的"显示视图"子菜单,在其中选择相应的命令,以打开相应的视图。

在成功创建 Java 项目后可以通过单击如图 1.17 所示的工具栏编辑和运行 Java 程序。其中图(a)所示的创建包和类工具栏可为项目添加 Package(包)、Class(类)、Interface(接口)、Enum(枚举)和 Annotation(帮助文档)等 Java 代码文件和 Java 代码。图(b)所示的工具栏为程序员选择 Java 程序的运行方式和调试方式提供了选项。

在默认情况下,Eclipse 有 Java 透视图模式和 Debug 透视图模式,它们分别用于开发和调试 Java 程序。Debug 透视图拥有专门在调试时使用的视图和工具栏按钮,Java 透视图则没有这些。

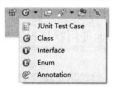 

(a) 创建包和类工具栏　　　　　　(b) 程序运行和调试工具栏

图 1.17　Eclipse 工具栏

1.3　实　验　内　容

例 1.1　在显示器上输出"你好，Java!"。

新建记事本文档，在其中编辑如下代码：

```
public class Helloword {
    private void outputText(String text){
        System.out.println(text);

    }
    public static void main(String[] args) {
        String text="你好，Java!";
        Helloword hw=new Helloword();
        hw.outputText(text);
    }
}
```

代码编写完成后保存文件，文件命名为"Helloword.java"，保存类型为所有文件，保存路径为"E:\java 练习"。在 Windows 系统的运行中输入"CMD"并按下回车键，打开 MS-DOS 命令行窗口，输入命令：

　　javac　Helloword.java

然后输入命令：

　　java　Helloword

会得到输出：

　　你好，Java!

程序分析：一个 Java 应用程序必须要有一个类含有 public static void main(String[] args) 方法，称这个类是应用程序的主类。例 1.1 中的主类就是 Helloword。如果源文件中有多个类，则只能有一个类是 public 类，此程序文件的名称必须与这个类同名，因此例 1.1 的程序被命名为 Helloword.java。在运行命令 javac Helloword.java 后，将会生成 Helloword.class 文件，.class 文件被称为字节码文件，接着用命令 java Helloword 运行字节码文件，字节码文件被 JVM(Java 虚拟机)解释执行，得到输出的结果。

例 1.2　在 Eclipse 中建立项目，运行例 1.1。

在 Eclipse 中设置好工作空间后，通过"文件"|"新建"|"Java 项目"显示"新建 Java

项目"向导，如图 1.18 所示。

在"项目名"处给项目起好名字，如果没有特殊需求，其他使用默认设置即可，单击"下一步"按钮，进入如图 1.19 所示的界面。

图 1.18　创建 Java 项目对话框一

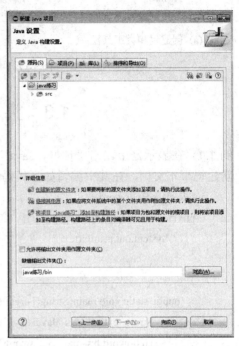

图 1.19　创建 Java 项目对话框二

单击"完成"按钮，创建项目完成，进入编辑器。通过打开 "文件"|"新建"|"类"菜单，打开"新建 Java 类"向导，如图 1.20 所示。

图 1.20　新建 Java 类对话框

"源文件夹"和"包"处默认即可,"名称"为"Helloword",修饰符选择"公用","超类"、"接口"采用默认设置,"想要创建哪些方法存根?"处勾选"public static void main(String[] args)",点击"完成"按钮,出现如图 1.21 所示的界面。

图 1.21　自动生成代码界面

将例 1.1 中的代码输入编辑器内,点击"运行"快捷按钮运行程序,可在控制台内得到如图 1.22 所示的结果。

图 1.22　运行结果

1.4　思考题与练习程序

1. 下载 JDK 并安装,设置系统环境变量。
2. 编写一个简单的程序,用来输出你的名字。
3. 用 Eclipse 编写程序,显示你的名字三次。
4. 用 Eclipse 编写程序,打印如下图形:
```
    A
   AAA
  AAAAA
   A   A
```

实验二 Java程序设计基础

2.1 实验目的

(1) 掌握数据的基本类型；
(2) 注意程序中数据类型的转换；
(3) 熟练使用运算符；
(4) 理解包装类。

2.2 实验预习

2.2.1 基本数据类型

Java 语言有 8 种基本数据类型，习惯上可分为逻辑类型、整数类型、字符类型、实数类型等四大类型。

(1) 逻辑类型(boolean)：该类常量取值只能是 true 和 false。逻辑类型的变量使用关键字 boolean 来声明，声明时可赋初值，例如：

    Boolean Y=true;

(2) 整数类型：基本数据类型中的整数类型包含 byte、short、int 和 long 四类。其取值为带符号的整数，取值范围随类型的不同而不同。byte 的取值范围是 $-2^7 \sim 2^7-1$，short 的取值范围是 $-2^{15} \sim 2^{15}-1$，int 的取值范围是 $-2^{31} \sim 2^{31}-1$，long 的取值范围是 $-2^{63} \sim 2^{63}-1$。整数类型的常量可以采用十进制表示法，如 321；八进制的表示法，如 077(其中首位的 0 代表八进制)；十六进制表示法，如 0x4ABC(其中前两位的 0x 代表十六进制)。long 型常量会用后缀 L 来表示，例如 478L，07154L(八进制长整型常量)。

无论哪种整数类型的变量，都需要用其相应的类型保留字来声明，声明时可以给其赋初值，但要注意不同整数类型的取值范围。例如：

    int x=123,y=9797,z;
    long amin=13L, amax=254L,amid;

(3) 字符类型(char)：此类型的常量是用单引号括起的 Unicode 字符集中的任一个字符，例如 'A'、'd'、'?'、'你'、'8'、'\t'。其中 '\t' 是水平制表转义字符，因为有些字符不能通过键盘输入到字符串或程序中，所以需要有转义字符。

常见的转义字符如表 2.1 所列。

表 2.1 Java 的常用转义字符

转义字符	描　　述	转义字符	描　　述
\ddd	八进制数表示的 ASCII 子符	\r	回车
\uxxxx	16 进制数表示的 Unicode 字符	\n	换行
\'	单引号	\f	换页
\"	双引号	\b	后退一格
\\	反斜杠	\t	横向跳格(Tab)将光标移到下一个制表位

字符型变量使用关键字 char 来声明，如：

　　char x='a';

因为 a 在 Unicode 字符集中的排序位置是 97，因此上面的声明也可以写成：

　　char x=97;

(4) 浮点类型：包括 float 和 double 两类。float 型常量后面必须要有后缀 f 或 F，例如 4657.5617f 或 2e40F(指数表示法)；double 型常量的后缀 d 或者 D 可以省略，可写为 215634.5612 或 1e-90D。浮点类型的变量和前面类似，需要用 float 和 double 关键字来声明变量。如：

　　float x=25.78f;
　　double y=56.96d;

2.2.2 数据类型的转换

当把一种基本数据类型变量的值赋给另一种基本类型变量时，就涉及到数据类型的转换。在实际操作中，当把精度低的变量值赋给精度高的变量时，系统会自动完成数据类型的转换，例如：

　　double x=300;

如果输出 x 的值，结果将是 300.0。如例 2.1 中，i 为 int 型，语句 long l = i;计算的 l*i 就已经自动转换成 long 型，因而没有发生溢出情况。但是反过来，当把精度高的变量的值赋给精度低的变量时，必须使用类型的转换运算，格式如下：

　　(目标数据类型)原数据类型的表达式；

例如：

　　int x=(int)25.76;
　　long y=(long)45.78F;

输出的结果将是 25 和 45，类型转换结果的精度可能低于原数据的精度。还应注意的是，当把 int 型常量赋值给 byte、short 和 char 型变量时，结果不能超出这些变量的取值范围，否则必须进行类型转换运算，且将会导致精度的损失，例如：

　　byte a=(byte)128

结果 a 的值是 –128。

2.2.3 运算符和表达式

Java 提供了丰富的运算符，常用的有算术运算符、关系运算符、逻辑运算符、位运算

(1) 算术运算符：+，-，*，/，%，++，--；
(2) 关系运算符：>，<，>=，<=，==，!=；
(3) 逻辑运算符：!，&&，||；
(4) 位运算符：~，|，&，^，<<，>>，>>>。

表达式在进行运算时，要按照运算符的优先级别从高到低进行，但我们没有必要去记忆运算符的优先级别，可以在编写程序时尽量使用()运算符来实现想要的运算次序，以免产生难以阅读或与自己想要的结果背道而驰的计算顺序。运算符的优先级和结合性可参照《Java 程序设计》课本的表 2.11。

2.2.4 包装类

我们已经从前面的几个程序中接触到了类，类是组成 Java 程序的基本要素，现在我们来了解一组类——包装类。所谓包装类，就是对每种基本数据类型进行扩展和包装，在基本数据类型的基础上增加了若干和基本数据类型相关的计算方法而形成的类。在执行变量类型的相互转换时，会大量使用这些包装类。Java 共有六个包装类，分别是 Boolean、Character、Integer、Long、Float 和 Double，从字面上我们就能够看出它们分别对应于 boolean、char、int、long、float 和 double。

基本类型和对应的包装类可以相互转换。

由基本类型向对应的包装类转换称为装箱，例如把 int 包装成 Integer 类的对象；包装类向对应的基本类型转换称为拆箱，例如把 Integer 类的对象重新简化为 int。如下所示：

int n = 10;
Integer in = new Integer(100);
//将 int 类型转换为 Integer 类型
Integer in1 = new Integer(n);
//将 Integer 类型的对象转换为 int 类型
int m = in.intValue();

在各个包装类中，总有形为××Value()的方法，来得到其对应的简单类型数据。例如上面程序中的 intValue 方法，还有 byteValue、doubleValue 等。还有一些常用的包装类内部的方法，如：

valueOf()//除 Character 外包装类都可以用此方法；
parse**()//可以将字符串变成基本数据类型，例如 parseInt、parseFloat；

2.3 实验内容

例 2.1 将 1000000*1000000 分别按照 int 型、long 型、double 型、float 型输出，观察不同类型的输出结果，分析原因。程序代码如下：

public class eg2_1 {
  public static void main(String[] args) {

```
            int i=1000000;
            System.out.println(i*i);
            long l=i;
            System.out.println(l*i);
            double d=i;
            System.out.println(d*i);
            float f=i;
            System.out.println(f*i);
        }
    }
```
程序运行后得出的结果是：

-727379968

1000000000000

1.0E12

1.0E12

程序分析：这个乘法的数学结果是 1000000000000，它对于 int 类型来说太大了，以至于产生了溢出，而 –727379968 正是正确结果的低 32 位表示的十进制数值。而第二个乘法是一个 long 乘法，没有发生溢出，得到的是准确的整数结果，浮点型的两个结果都需要表示成指数型，但实际上它们的精度分别是 32 位和 64 位。

例 2.2 任意输入一个整数，判断其是否能被 17 整除。程序代码如下：

```
    public class eg2_2 {
        private static Scanner reader;
        public static void main(String[] args) {
            int i;
            boolean result;
            System.out.println("该程序用于判断一个整数是否能被 17 整除");
            System.out.println("请输入一个整数：");
            reader = new Scanner(System.in);
            i=reader.nextInt();
            result=i%17==0;
            System.out.println("结果为"+result);
        }
    }
```
程序运行后先看到提示语句：

该程序用于判断一个整数是否能被 17 整除

请输入一个整数：

输入数字 4567，回车后程序显示：

该程序用于判断一个整数是否能被 17 整除

请输入一个整数：

4567

结果为 false

程序分析：本程序用 int 型变量 i 来接收读入的数据，用 result 来接收逻辑表达式的布尔值，考虑一下关系运算符"=="和赋值运算符"="谁的优先级更高呢？

例 2.3 验证下面程序的运行结果，分析原因。

```
public class eg2_3 {
    public static void main(String[] args) {
        byte b=30;
        int n=215;
        float f=123456.7789f;
        double d=123456789.123456789;
        System.out.println("b="+b);
        System.out.println("n="+n);
        System.out.println("f="+f);
        System.out.println("d="+d);
        b=(byte)n;
        f=(float)d;
        System.out.println("b="+b);
        System.out.println("f="+f);
    }
}
```

程序运行后得到：

b=30

n=215

f=123456.78

d=1.2345678912345679E8

b=-41

f=1.23456792E8

程序分析：n 的值本来是 int 型，被强制转换为 byte，其值超过了 byte 的取值范围，产生溢出。d 的值本来是 double 型，占 64 位，被转换为 float 型，占 32 位，产生了精度损失。

例 2.4 设计一个计算贷款支付的程序，让用户输入利率、贷款额度以及支付的年数，计算和显示出月支付额度和总支付额度。程序代码如下：

```
import java.util.Scanner;
public class eg2_4 {
    public static void main(String[] args) {
        Scanner input=new Scanner(System.in);
        System.out.println("请输入银行年利率(例如 5.7，表示 5.7%)：");
        double yRate=input.nextDouble();
        double mRate=yRate/1200;//年利率转换成月利率;
```

```
            System.out.println("请输入贷款年限：");
            int nYears=input.nextInt();
            System.out.println("请输入贷款总额：");
            double lAmount=input.nextDouble();
            double monthPayment=lAmount*mRate/(1-1/Math.pow(1+mRate, nYears*12));
            double totalPayment=monthPayment*nYears*12;
            System.out.println("您每个月需要偿还贷款："+(int)(monthPayment*100)/100.0+"元");
            System.out.println("一共需要偿还的贷款是："+(int)(totalPayment*100)/100.0+"元");
        }
    }
```

按照提示输入数值运行程序，如：

请输入银行年利率(例如 5.7，表示 5.7%)：

5.7

请输入贷款年限：

20

请输入贷款总额：

400000

得到结果为：

您每个月需要偿还贷款：2796.92 元

一共需要偿还的贷款是：671262.82 元

程序分析：首先为各变量选择合适的类型，输入合适的数据后运行程序，将计算月支付额度的公式翻译为 Java 代码，程序中使用了 Math 类，该类是属于 java.lang 包的，不需要特意导入。最后的输出使用了类型转换，获得更新的小数点后有两位的 monthPayment 和 totalPayment 值。

例 2.5 运行并分析下面的程序，思考包装类和数据类型的区别与联系。

```
    public class eg2_5 {
        public static void main(String[] args) {
            //包装类，每一个基本类型都有对应的包装类，并且都有一个将基本类型创建成
            包装类的构造方法
            Boolean bobj = new Boolean(true);
            Integer iobj = new Integer(1);
            Long lobj = new Long(1);
            Short sobj = new Short((short) 1);
            Character cobj = new Character('a');
            Float fobj = new Float(1.0f);
            Double dobj = new Double(1.0);
            Byte byobj = new Byte((byte) 1);
            //将包装类转换成基本数据类型;
            boolean bo=bobj.booleanValue();
```

```java
int i=iobj.intValue();
long l=lobj.longValue();
short s=sobj.shortValue();
char c=cobj.charValue();
float f=fobj.floatValue();
double d=dobj.doubleValue();
byte by=byobj.byteValue();
System.out.println(bo);
System.out.println(i);
System.out.println(l);
System.out.println(s);
System.out.println(c);
System.out.println(f);
System.out.println(d);
System.out.println(by);
//每个包装类都有一个 valueOf()方法，用于将字符串转成相应的包装类
System.out.println(Boolean.valueOf("false"));
System.out.println(Integer.valueOf("1"));
System.out.println(Short.valueOf("1"));
System.out.println(Long.valueOf("1"));
System.out.println(Float.valueOf("1.0"));
System.out.println(Double.valueOf("1.0"));
System.out.println(Byte.valueOf("1"));
//Character 类是构造将基本类型 char 转成包装类型 Character
System.out.println(Character.valueOf('a'));
//每个包装类都有一个 parse***方法，将字符串转成对应的基本类型，除 Character 类
System.out.println(Boolean.parseBoolean("false"));
System.out.println(Integer.parseInt("1"));
System.out.println(Short.parseShort("1"));
System.out.println(Long.parseLong("1"));
System.out.println(Float.parseFloat("1.0"));
System.out.println(Double.parseDouble("1.0"));
System.out.println(Byte.parseByte("1"));
//Character 包装类的常用方法
//判断这个字符是否为英文字母
System.out.println(Character.isLetter('a'));
System.out.println(Character.isDigit('1'));//判断这个字符是否为数字
System.out.println(Character.isUpperCase('A'));//判断这个字符是否为大写
System.out.println(Character.isLowerCase('a'));//判断这个字符是否为小写
```

System.*out*.println(Character.*isWhitespace*(' '));//判断这个字符是否为空格或回车
}
}
运行结果为：
    true
    1
    1
    1
    a
    1.0
    1.0
    1
    false
    1
    1
    1
    1.0
    1.0
    1
    a
    false
    1
    1
    1
    1.0
    1.0
    1
    true
    true
    true
    true
    true

2.4 思考题与练习程序

(1) 考虑验证以下代码是否正确，并分析原因。
    double numb1=0.05;
    double numb2=numb*45;

(2) 数字是以有限的位数存储的，如果过大或过小都会"溢出"，验证以下代码，说说出现运行结果的原因。

  int value1=2147483647+1;

  int value2=-2147483648-1;

(3) 验证以下代码，分析输出结果出现的原因。

  System.*out*.println(1.0-0.1-0.1-0.1-0.1);

  System.*out*.println(1.0-0.9);

(4) 分析两段代码，说说得到不同结果的原因。

int numb1=1;	**int** numb1=1;
int numb2=2;	**int** numb2=2;
double average=(numb1+numb2)/2;	**double** average=(numb1+numb2)/2.0;
System.*out*.println(average);	System.*out*.println(average);

(5) 输入代码并运行，分析程序运行得到结果的原因。

  float f=13.8F;

  int i=(int)f;

  System.out.println("f is"+f);

  System.out.println("i is"+i);

(6) 输入代码并运行，分析程序运行得到结果的原因。

  double amount=5;

  System.out.println(amount/2);

  System.out.println(5/2);

(7) 验证代码是否正确。

  int i=1;

  sum +=4.5;

  int i=1;

  byte b=i;

(8) 写出代码运行结果。

  double a=8.8;

  a +=a + 1;

  System.out.println(a);

  a=8;

  a /=2;

  System.out.println(a);

(9) 代码运行完之后，x、y、z 的值分别是多少？

  double x=2.0;

  double y=5.0;

  double z=x-- +(++y);

实验三 Java 程序的流程控制

3.1 实验目的

(1) 掌握顺序、选择、循环结构的程序设计；
(2) 灵活应用分支语句 if-else、switch 语句；
(3) 灵活应用 while、do…while…、for 循环语句；
(4) 合理利用三种结构复合编程。

3.2 实验预习

3.2.1 算法

计算机算法可以看成是一组明确的、可用计算机执行的步骤的有序集合。设计算法的目的是为了更有条理地编写计算机程序，所以在设计算法时必须考虑算法中的每一个步骤是否适合使用计算机执行。算法通常具有确定性、有穷性、0 到多个输入、1 到多个输出和可执行性等特征。

算法的描述方法通常有自然语言描述法、流程图描述法、N-S 图描述法和伪代码表示法等。本实验重点讲述流程图描述法和 N-S 图描述法。

1. 流程图描述法

流程图是一种传统的算法描述方法，现在已经纳入国际标准。它利用几何图形的框来代表各种不同性质的操作，用流程线来指示算法的执行方向和执行顺序。美国国家标准学会(American National Standards Institute，ANSI)规定了一些常用的流程图符号。如图 3.1 所示，这些图形内部和流程线上都可以插入说明文字以简要说明具体的操作。具体功能和使用方法如图 3.1 所示。

图 3.1 常见流程图符号

1) 起止框

用于表示算法的开始或结束，圆角矩形内可以写相应的文字如"开始"或"结束"。

2) 处理框

用于描述算法中的一个处理过程。处理框内用文字、符号或表达式写明具体的处理方法。

3) 判断框

用于表示某个条件是否成立，根据条件成立与否执行不同的处理。判断框内通常写明判断条件。

4) 输入、输出框

用于表示用户的输入或程序输出结果。通常在框内写明输入或输出的内容。

5) 连接点

在一张纸上无法完整的画出一个流程图时使用。使用时必须成对使用，连接点中的文字相同表示是同一个点。

6) 流程线

在流程图中用于连接其他图形，描述算法处理过程的先后顺序。流程线必须有箭头以说明算法的流向。如果需要的话，流程线上也可附以说明文字。

2．N-S 图描述法

N-S 图中算法从上到下执行，取消了流程图中的起止框和流程线，把全部算法写在一个矩形框内，可以达到减小流程图篇幅的目的。N-S 图依托结构化程序设计思想中的模块概念，把各种程序流程最终简化成顺序、选择和循环三种基本的程序结构的嵌套和组合。

(1) 顺序结构，是指若干个处理按照时间先后顺序执行，每个处理仅有一个输入和一个输出，当且仅当前一个处理执行完成后才能执行下一个处理，每个处理都是以上一个处理的结果作为输入，其输出也是下一个处理的输入。如图 3.2 所示，表示由处理 A 和处理 B 组成的顺序结构的流程图和 N-S 图画法。

(2) 选择结构，是指首先根据上个处理的结果判定选择条件是否成立，如果条件成立则执行处理 A，否则执行处理 B，但无论执行处理 A 还是处理 B，之后都会执行选择结构后面的操作。图 3.3 给出了选择结构的流程图和 N-S 图的画法。

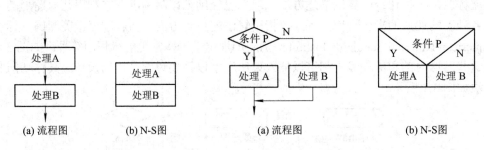

图 3.2　顺序结构　　　　　　　　　　图 3.3　选择结构

(3) 循环结构，可以分成"当型循环"和"直到型循环"两种循环结构。当型循环结构指算法首先判断循环条件是否满足，如果满足则执行一次下面的处理 C，然后再次判断循环条件是否满足，如果满足则再次执行处理 C，否则跳出循环，执行循环结构后面的处理。直到型循环结构指算法首先执行一个处理 C，然后判断循环条件是否满足，如果循环条件满足，则再次执行处理 C，否则直接执行循环结构后面的处理。图 3.4 给出了当型循环结构的流程图画法和 N-S 图画法。

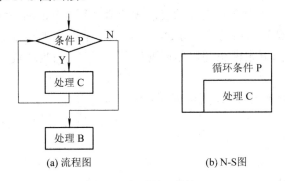

图 3.4　当型循环结构

图 3.5 给出了直到型循环结构的流程图画法和 N-S 图画法。

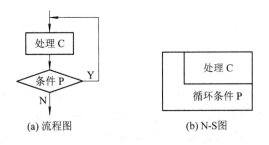

图 3.5　直到型循环结构

在 N-S 图中，每个处理都可以是其他若干个处理的组合，这样通过多个处理的组合和嵌套实现复杂处理流程的描述。N-S 图描述法比流程图图形紧凑，比文字描述直观、形象、易于理解。

3.2.2　顺序结构

计算机执行程序语句的顺序和顺序结构相同，所以在 Java 程序中没有说明程序结构为顺序结构的语句，我们只需把语句按顺序罗列在一起就可以让计算机在执行程序时按顺序结构执行它们。

3.2.3　选择分支结构

在 Java 中，主要提供了两种选择分支结构的语句，一种是针对逻辑命题只存在真和假两种情况的选择，这种情况被称为单分支结构；另一种是针对从具有多种互不相关情况中选择一种情况的逻辑命题，这种情况被称为多分支结构。

if-else 语句是单分支结构的语句，它的语法格式如下：

```
if(表达式){
    若干语句
}
```

```
    else{
        若干语句
    }
```

在 if-else 语句中,关键字 if 后面的表达式的值必须是 boolean 类型,当值为 true 时,执行紧跟着的语句,然后结束当前的 if-else 语句;如果表达式为 false,则执行 else 后面的语句,然后结束当前的 if-else 语句。即使语句只有一句,{}也尽量不要省略,要养成良好的编程习惯。

if-else 语句还可以嵌套使用,语法格式为:

```
    if(表达式){
        若干语句
    }
    else if(表达式){
        若干语句
    }
    ⋮
    else{
        若干语句
    }
```

其中 if 以及多个 else if 后面的一对小括号()内的表达式的值必须是 boolean 类型,程序执行 if-else if-else 时,按照该语句中表达式的顺序,先计算第一个表达式,如果表达式的值为 true,则执行紧跟着的复合语句,结束当前 if-else if-else 语句的执行;如果为 false,则继续计算第二个表达式的值,以此类推;假设计算第 m 个表达式的值为 true,则执行紧跟着的复合语句,结束当前 if-else if-else 语句的执行,否则继续计算第 m+1 个表达式的值;如果所有表达式的值都为 false,则执行关键字 else 后面的复合语句,结束当前 if-else if-else 语句的执行。

switch 语句是单条件多分支语句,它的一般格式定义如下(其中 break 语句是可选的):

```
    switch(表达式) {
        case 常量值 1:
            若干语句;
            break;
        case 常量值 2:
            若干语句
            break;
        ⋮
        case 常量值 n:
            若干语句
            break;
        default:
            若干语句
```

}

switch 语句中表达式的值可以为 byte、short、int、char 型,"常量值 1"到"常量值 n"也是 byte、short、int、char 型,而且要互不相同。switch 后面表达式的值与哪一个 case 的值相等,就执行那个 case 后面的语句;如果和这些 case 的值都不相等,就只能执行 default 后面的语句了。如果 break 缺失,则程序会继续判断后续所有 case 的值,直到程序结束。

3.2.4 循环结构

在算法的表示方法中,标准的循环结构分为"当"型循环结构和"直到"型循环结构。Java 语言通过 while 语句来描述"当"型循环结构。while 循环在条件为真(true)的情况下,会重复地执行循环体语句。其语句格式如下:

  while(循环条件){
  //循环体语句
  语句(组);
  }

while 循环必须要保证在循环体语句中,包含能够被反复执行若干次后使循环条件为假,进而退出循环以执行循环语句后面的语句,否则该循环就会成为无限循环。

Java 语言通过 do-while 循环表示"直到"型循环。do-while 循环和 while 循环基本一样,不同的是它要先执行循环体一次,然后判断循环继续条件。其格式如下:

  do{
  //循环体;
  语句(组);
  }while(循环条件);

当程序执行到 do-while 循环时,首先执行循环体,然后计算循环条件,如果计算结果为 true,则重复执行循环体,如果为 false,则终止 do-while 循环。

实际应用中采用 while 还是 do-while 语句取决于哪种更适合编程者的算法。

此外,java 还为程序员提供了功能更强的 for 循环。for 循环的语法如下:

  for(初始操作;循环条件;每次迭代后的操作){
  //循环体;
  语句(组);
  }

一般情况下,for 循环使用一个变量来控制循环体的执行次数,以及循环终止的时间,这个变量称为控制变量或循环变量。初始操作是指初始化控制变量,每次迭代后的动作通常会对控制变量做自增或自减,而循环继续条件检验控制变量是否达到终止值。例如,我们利用 for 循环打印 100 个*:

  int i;
  for(i=0;i<100;i++){
    System.out.println("*");
  }

上例中,for 循环控制变量 i 初始化为 0,当 i 小于 100 时,重复执行 println 语句并计算 i++。控制变量 i 必须在循环控制结构体内或循环前说明,如果在循环控制结构体内声明变量,那么在循环外不能引用它。如:

```
for(int i=0;i<100;i++){
    System.out.println("*");
}
```

3.3 实验内容

例 3.1 任意输入一个年份,判断是否为闰年。

程序分析:闰年的判断条件是该年份可以被 400 整除,如果不能被 400 整除,判断能否被 4 整除,能被 4 整除后,如果不能被 100 整除,则是闰年,否则不是。从本程序可以看到 if-else if-else 的典型结构,还可以看到 if-else 的嵌套使用,请学习者体会选择结构的用法。程序代码如下:

```java
import java.util.Scanner;
public class eg3_1 {
    private static Scanner read;
    public static void main(String[] args) {
        int y;
        System.out.println("请输入年份: ");
        read = new Scanner(System.in);
        y=read.nextInt();
        if (y%400==0){
        System.out.println("你输入的年份是闰年! ");}
        else if((y%4==0)){
            if(y%100!=0){
            System.out.println("你输入的年份是闰年! ");
            }
            else{System.out.println("你输入的年份不是闰年。");}
        }
        else{System.out.println("你输入的年份不是闰年.");}
    }
}
```

运行程序后得到:

请输入年份:

输入 2008 后回车,得到:

你输入的年份是闰年!

再次运行程序输入 2600 后回车,得到:

你输入的年份不是闰年。

实验三　Java 程序的流程控制

例 3.2　编辑一个程序，输入不同社会人群代号，得到不同比例的医疗保险金缴纳数目。

程序分析：按照提示信息输入代码后，程序依次检索 case，找到对应的数值，执行 case 后面的语句后结束 switch 语句。如果没有对应数值，则提示"你需要由所在单位进行统一缴纳！"程序代码如下：

```java
import java.util.Scanner;
public class eg3_2 {
    private static Scanner read;
    public static void main(String[] args) {
        int i;
        System.out.println("请输入你的社会代码：");
        System.out.println("1:18 岁及以下参保居民、中小学生和少年儿童；");
        System.out.println("2:18 岁以上-60 岁以下非从业参保居民；");
        System.out.println("3:60 岁及以上老年人；");
        System.out.println("4:大学生；");
        System.out.println("5:低保对象、丧失劳动能力的重度残疾人(残疾等级一级、二级)");
        read = new Scanner(System.in);
        i=read.nextInt();
        switch (i){
          case 1: System.out.println("你需要缴纳 50 元/年/人。");
             break;
          case 2: System.out.println("你需要缴纳 240 元/年/人。");
             break;
          case 3: System.out.println("你需要缴纳 150 元/年/人。");
             break;
          case 4: System.out.println("你需要缴纳 40 元/年/人。");
             break;
          case 5: System.out.println("你不需要缴费。");
             break;
          default: System.out.println("你需要由所在单位进行统一缴纳！");
             break;
        }
    }
}
```

程序运行后得到：

请输入你的社会代码：

1:18 岁及以下参保居民、中小学生和少年儿童；

2:18 岁以上-60 岁以下非从业参保居民；

3:60 岁及以上老年人；

4:大学生；

5:低保对象、丧失劳动能力的重度残疾人(残疾等级一级、二级)。

输入选择的号码后，会得到相应的缴费款项提示。

例 3.3 由计算机随机给出一个整数，你来猜一猜，计算机会提示你猜的数字是大于还是小于这个整数。

程序分析：while 后面给出的条件值很重要，当 guess 和 number 的值匹配时，该循环就结束了。程序利用 Math.random()*101 给出一个 1-100 的随机整数，然后提示用户在循环中一直输入猜测值，程序会对每一次猜测的数值进行比较，并给出是偏高还是偏低的提示，直到找到正确的数值。程序代码如下：

```java
import java.util.Scanner;
public class eg3_3 {
    private static Scanner input;
    private static int number;
    public static void main(String[] args) {
        number = (int)(Math.random()*101);
        input = new Scanner(System.in);
        System.out.println("猜一猜系统给出的【0,100】的随机数。");
        int guess=-1;
        while (guess!=number) {
            System.out.println("请输入你的数值：");
            guess=input.nextInt();
            if (guess==number) {
                System.out.println("你猜对了！");
            }
            else if (guess>number) {
                System.out.println("这个数太大了！");
            }
            else {
                System.out.println("这个数太小了！");
            }
        }
    }
}
```

运行程序得到提示信息：

猜一猜系统给出的【0,100】的随机数。

请输入你的数值：

输入不同数值得到不同的提示，直到猜中正确的随机数，程序会输出：

你猜对了！

如果循环中的语句至少需要循环一次，那么建议使用 do-while 语句。

例 3.4 任意输入几个整数，求其中最大的值。

程序分析：因为至少要输入一个整数，所以该程序使用 do-while 语句，将第一个输入的数值定义为最大值,第二个数值输入后与其比较,如果大于第一个,则将这个值赋给 max,否则 max 的值不变,依次再输入第三个值进行比较,以此类推,得到最大的那个数值,用整数 0 来结束循环。程序代码如下:

```
import java.util.Scanner;
public class eg3_4 {
    private static Scanner input;
    public static void main(String[] args) {
        input = new Scanner(System.in);
        int number,max;
        System.out.println("请输入你要比较的整数,以 0 来结束: ");
        number=input.nextInt();
        max=number;
        do {
            number=input.nextInt();
            if(number>max){
                max=number;
            }
        } while (number!=0);//输入整数 0 来停止数值输入的循环
        System.out.println("你输入的最大值是: "+max);
    }
}
```

运行程序得到的提示信息:

请输入你要比较的整数,以 0 来结束:

输入整数 2 3 4 5 6 9 0,得到的结果是:

你输入的最大值是: 9

例 3.5 使用 for 循环打印以下图案:

1
1 2
1 2 3
1 2 3 4
1 2 3 4 5
1 2 3 4 5 6

程序分析:本程序有两个 for 循环嵌套,两个循环控制变量 i 和 j,外层的循环变量 i 负责控制行数,内层循环变量 j 负责控制数字的输出,其中输出的数字和行数有关,所以有 j<=i 来控制数字输出。

程序代码如下:

```
public class eg3_5 {
    public static void main(String[] args) {
        int i,j;
```

```
        for(i=1;i<=6;i++){
            for(j=1;j<=i;j++){
                System.out.print(j+" ");
            }
            System.out.println();
        }
    }
}
```

例 3.6 用迭代算法计算 $2^0+2^1+2^2\cdots+2^{10}$。

程序分析：本例就是不断由已知值推出新值，直到求解为止。本程序包含两次迭代算法：

累加和 s：s=0   s=s+t;
累加项 t：t=1   t=t*2;

```
public class eg3_6 {
    public static void main(String[] args) {
        float t=1,s=0;
        for(int i=0;i<11;i++){
            s+=t;
            t*=2;
        }
        System.out.println("sum="+s+"\t 2^10="+t/2);
    }
}
```

程序运行后得到结果：

sum=2047.0   2^10=1024.0

例 3.7 计算(e)，使用下面的数列可以近似计算 e。

$$e = 1 + \frac{1}{1!} + \frac{1}{2!} + \frac{1}{3!} + \frac{1}{4!} + \cdots + \frac{1}{i!}$$

编写程序，显示当 i = 7，8，…，20 时 e 的值。

程序分析:根据公式我们可以得知 $\frac{1}{i!} = \frac{1}{i*(i-1)!}$，所以 e 的展开式的每一项 f(n) = f(n − 1)/i，我们把这个方法放在 for 循环体中。程序代码如下：

```
public class eg3_7 {
    private static Scanner reader;
    public static void main(String[] args) {
        double e,item;
        int n;
        e=1.0;
        item=1.0;
```

```
            System.out.println("请输入 n 的取值： ");
            reader = new Scanner(System.in);
            n=reader.nextInt();
            for(int i=1;i<=n;i++){
                    item=item/i;
                    e=e+item;
            }
            System.out.println("输入参数"+n+"得到的 e 的近似值是"+e);
        }
    }
```

运行程序得到提示信息：

请输入 n 的取值：

输入 7 得到：

输入参数 7 得到的 e 的近似值是 2.7182539682539684

输入 10 得到：

输入参数 10 得到的 e 的近似值是 2.7182818011463845

输入 20 得到：

输入参数 20 得到的 e 的近似值是 2.7182818284590455

3.4　思考题与练习程序

(1) 分析两组代码，都会得到什么样的输出结果？其中 number 表示任意一个整数。
代码 1：
```
    if(number%3==0)
            System.out.println(number+"能被三整除。");
    System.out.println(number+"不能被三整除。");
```
代码 2：
```
    if(number%3==0)
            System.out.println(number+"能被三整除。");
        else
            System.out.println(number+"不能被三整除。");
```

(2) 用 if 语句完成成绩的输出，大于 90 分的，输出"优秀"，大于 80 分低于 90 分的，输出"良好"，大于 70 分低于 80 分的，输出"合格"，大于 60 分低于 70 分的，输出"及格"，低于 60 分的，输出"不及格"。

(3) 计算你的 BMI 指数，公式是：

体重指数(BMI)=体重(kg)÷身高^2(m)

当 BMI 指数为 18.5～23.9 时属正常。

　　过轻：低于 18.5

正常：18.5-24.99

过重：25-28

肥胖：28-32

非常肥胖：高于 32

(4) 编写程序，为你输入的年份找出其对应的中国生肖。

(5) 编写程序，输入月份，显示每个月份有多少天。

(6) 设计一个猜硬币的游戏。提示：程序随机产生整数 0 或者 1，分别代表硬币的正面或者反面，程序提示用户输入猜测值，然后告诉用户猜对还是猜错。

(7) 编写程序求 1! + 2! + … + 10!。

(8) 编写一个程序，读取和计算输入的整数之和及平均值。

(9) 一个数如果等于它的因子之和，这个数就称为完数。编写程序求 1000 之内的所有完数。

(10) 使用 for 循环求 3 + 33 + 333 + … 前 10 项之和。

(11) 打印下面的图形：

```
    *
   ***
  *****
 *******
*********
```

(12) 打印 2 到 1000 之间的所有素数，每行显示 8 个素数，数字之间用一个空格字符隔开。

(13) 编写程序，显示从 100 到 1000 之间所有能被 5 和 6 整除的数，每行显示 10 个，数字之间用一个空格字符隔开。

(14) 找出满足 n^2 大于 12 000 的最小整数 n。

(15) 计算两个整数 n1 和 n2 的最大公约数。

(16) 编写程序，计算 π 的近似值。可利用如下公式计算。

$$\pi = 4\left(1 - \frac{1}{3} + \frac{1}{5} - \frac{1}{7} + \frac{1}{9} - \frac{1}{11} \cdots + \frac{(-1)^{i+1}}{2i-1}\right)$$

实验四　数组和字符串

4.1　实验目的

(1) 掌握并灵活运用一维数组；
(2) 掌握二维数组的初始化和引用；
(3) 了解 String 类；
(4) 掌握字符串的操作。

4.2　实验预习

4.2.1　一维数组

数组是用来存储具有相同类型的变量的集合，无须单个声明变量。为了在程序中使用一维数组，必须声明一个使用一维数组的变量，并指明数组的元素类型，下面是声明数组的语法：

　　　　元素类型[] 数组引用变量；

元素类型可以是任意数据类型，但是数组中所有的元素必须具有相同的数据类型，例如：

　　　　double[] myList;

声明数组变量之后，可以使用下面的语法。用 new 操作符创建数组，并且将它的引用赋给一个变量：

　　　　数组引用变量=new 元素类型[数组大小]；

也可以将声明变量，创建数组，引用赋值这三个步骤合并在一条语句里，格式如下：

　　　　元素类型[] 数组引用变量=new 元素类型[数组大小]；

或

　　　　元素类型 数组引用变量[]=new 元素类型[数组大小]；

下面是使用这条语句的例子：

　　　　double[] myList=new double[10];

数组元素的访问可以通过下标访问，数组下标是从 0 开始的，如 myList[0]、myList[7]，可以直接给对应元素赋值：

　　　　double[] myList=new double[4];

myList[0]=1.8;
myList[1]=1.9;
myList[2]=2.0;
myList[3]=2.1;

也可以将声明数组、创建数组和初始化数组结合到一条语句中：

double[] myList={1.8, 1.9, 2.0, 2.1};

4.2.2 二维数组

下面是声明二维数组的语法：

数据类型[][] 数组名;

或者

数据类型 数组名[][];

例如，声明 int 型二维数组变量 matrix 可以用如下语句：

int[][] matrix;

或者

int matrix[][];

使用语法 new 来创建数组，指定数组的维数：

matrix=new int[5][5];//建立五行五列的数组

二维数组实际上是这样一个数组，它的每个元素都是一个一维数组，matrix.length 代表一维数组的个数，所以也可以像下面这样建立二维数组：

matrix=new int[5][];//只知道二维数组的长度即二维数组中一维数组的个数
matrix[0]=new int[5];
matrix[1]=new int[4];
matrix[2]=new int[3];
matrix[3]=new int[2];
matrix[4]=new int[1];

二维数组元素名中使用两个下标，一个表示行，一个表示列，和一维数组一样，索引值都是从 0 开始的，现在可以给数组赋值了：

matrix[0][3]=45;
matrix[4][0]=20;

4.2.3 字符串和字符数组

基本数据类型 char 只表示一个字符，如果想表示一串字符，需使用数据类型 String，如下所示：

String message="欢迎使用 Java!";

String 实际上也是 Java 中一个预定义的类，我们需要掌握一些常用的方法，这些方法方便程序对字符串做一些常规的处理。

length()：获取字符串长度。

charAt(index)：返回字符串 s 中指定位置 index 的字符。

concat(s1)：将本字符串和字符串 s1 连接，返回一个新的字符串。
toUpperCase()：返回一个新字符串，其中所有的字母大写。
toLowerCase()：返回一个新字符串，其中所有的字母小写。
trim()：返回一个新字符串，去掉了两边的空白字符。
String 类还提供了用于比较两个字符串的方法。
equals(s1)：如果该字符串等于字符串 s1，返回 true。
equalsIgnoreCaxe(s1)：如果该字符串等于字符串 s1，返回 trre，不区分大小写。
compareTo(s1)：一个字符串是否大于、等于或者小于 s1，相应的返回大于 0、等于 0 或小于 0 的整数。
starsWith(prefix)：如果字符串以参数 prefix 所表示的前缀开始，返回 true。
endsWith(suffix)：如果字符串以参数 prefix 所表示的后缀结束，返回 true。
contains(s1)：如果 s1 是该字符串的子字符串，返回 true。
注意：你可能会尝试用 "==" 来比较两个字符串，然而 "==" 只能检测两个字符串是否指向同一个对象，但它不会告诉你它们的内容是否相同。

4.3 实 验 内 容

例 4.1 利用 for 语句给一个双精度数组赋值，数组有 10 个元素。

程序分析：本程序利用上一节学习的 for 循环先给每一个 myList[]数组从 0 索引开始赋值，再依次输出每一个数组元素。程序代码如下：

```
import java.util.Scanner;
public class eg4_1 {
    public static void main(String[] args) {
        double[] myList;
        int i,j;
        myList=new double[10];
        System.out.println("请输入 10 个数值：");
        Scanner reader=new Scanner(System.in);
        for(i=0; i<=9; i++){
            myList[i]=reader.nextDouble();
        }
        System.out.println("你输入的数组是：");
        for(j=0;j<=9;j++){
            System.out.print(myList[j]+" ");
        }
    }
}
```

运行程序并按照提示信息任意输入十个数，如：

请输入 10 个数值：
1.2
3.5
2.5
6.5
3.4
4.1
4.6
6.2
9.1
1.0
你输入的数组是：
1.2 3.5 2.5 6.5 3.4 4.1 4.6 6.2 9.1 1.0

例 4.2 编写一个程序，读取 1 到 100 之间的整数，以 0 结束，然后计算每个数出现的次数。

程序分析：为了读取数据，我们采用 Scanner 对象获取用户输入。需要读取若干个整数，因此输入语句需要放在一个循环结构中，而循环的终止条件就是判断用户的输入是否为 0。因不知用户会输入多少个数，所以采用 while 循环来获取输入。要统计每个数出现的次数，首先需要设定一个数组专门记录每个数据的出现次数，然后需要遍历用户输入的数据，并在遍历的过程中比对和计数。基于上面的分析，设定了 creatInts()方法用于获取用户输入数据并组成数组；设定了 countnumbs(**int**[] numbs)方法用于对不同数据进行计数；设定 displayInts(**int**[] numbs)方法和 displaycounts(**int**[] counts)方法来输出用户输出的数和每个不同数据的计数结果。

creatInts()方法用数组 numbs1(长度是 100，以便有足够的空间存储用户的输入)储存用户输入的整数，当输入为"0"时，记下此时的位置 n，将此位置之前的所有数值复制到数组 numbs(长度为 n)中；countnumbs(**int**[] numbs)方法使用嵌套 for 循环，外层循环用于 1—100 的数字循环，内层循环用于将数组 numbs 中的每个数字和每次循环到的 1—100 之间的数字进行比较，如相等，则要将数组 counts 内对应的次数加 1。程序代码如下：

```
import java.util.Scanner;
public class Eg4_2 {
    private static Scanner input;
    public static void main(String[] args) {
        input = new Scanner(System.in);
        System.out.println("请输入 1-100 的整数，以 0 结束：");
        int[] numbs=creatInts();
        System.out.println("你输入的数值是：");
        displayInts(numbs);
        int[] counts=countnumbs(numbs);
        System.out.println("每个数字出现的次数是：");
```

实验四 数组和字符串

```java
            displaycounts(counts);
    }
    private static int[] creatInts() {
        int i=0;
        int n=0,j;
        int[] numbs1=new int[100];
        while(true){
            numbs1[i]=input.nextInt();
            if(numbs1[i]==0){break;}
            else {
                i++;
            }
        }
        n=i;
        int[] numbs=new int[n];
        for(j=0;j<numbs.length;j++){
            numbs[j]=numbs1[j];
        }
        return numbs;
    }
    private static void displayInts(int[] numbs) {
        int i;// TODO 自动生成的方法存根
        for(i=0;i<numbs.length;i++){
            System.out.print(numbs[i]+" ");
        }
        System.out.println();
    }
    private static int[] countnumbs(int[] numbs) {
        int i,j;// TODO 自动生成的方法存根
        int[] counts=new int[100];
        for(i=0;i<100;i++){
            for(j=0;j<numbs.length;j++){
                if(i+1==numbs[j]){
                    counts[i]=counts[i]+1;
                }
            }
        }
        return counts;
    }
```

```
        private static void displaycounts(int[] counts) {
            int i;// TODO 自动生成的方法存根
            for(i=0;i<counts.length;i++){
                if(counts[i]!=0){
                System.out.print(i+1+"出现");
                System.out.println(counts[i]+"次");
                }
            }
        }
    }
```

运行结果如下：

```
请输入1-100的整数,以0结束：
3
5
12
2
7
5
8
4
3
2
6
0

你输入的数值是：
3 5 12 2 7 5 8 4 3 2 6
每个数字出现的次数是：
2出现2次
3出现2次
4出现1次
5出现2次
6出现1次
7出现1次
8出现1次
12出现1次
```

例 4.3 解决一个几何问题，用户输入若干个点，找出距离最近的点对。

程序分析：本程序先利用用户输入的参数确定二维数组的行数，列数固定为 2，用来储存点的坐标。将储存在 0 位和 1 位的点对设定为最小距离，应用嵌套 for 循环，依次算出所有点之间的距离，并与 shortestDistance 进行比较，如果比 shortestDistance 小，这个距离将取代原来 shortestDistance 中存储的数值，且记录下相应两个点的数值。

在代码中设计一个 distance(double x1, double y1, double x2, double y2)方法以求两个点

的距离。程序代码如下：

```java
import java.util.Scanner;
public class Eg4_5 {
    private static Scanner input;
    public static void main(String[] args) {
        input = new Scanner(System.in);
        System.out.println("请输入点的个数：");
        int numberOfPoints=input.nextInt();
        double[][] points=new double[numberOfPoints][2];
        System.out.println("请输入"+numberOfPoints+"个点：");
        for(int i=0;i<points.length;i++){
            points[i][0]=input.nextDouble();
            points[i][1]=input.nextDouble();
        }
        int p1=0,p2=1;
        double shortestDistance=distance(points[p1][0],points[p1][1],points[p2][0],points[p2][1]);
        for(int i=0;i<points.length;i++){
            for(int j=i+1;j<points.length;j++){
                double distance=distance(points[i][0], points[i][1], points[j][0], points[j][1]);
                if(shortestDistance>distance){
                    p1=i;
                    p2=j;
                    shortestDistance=distance;
                }
            }
        }
        System.out.println("最近的两个点是：("+points[p1][0]+","+points[p1][1]+") 和 ("+points[p2][0]+", "+points[p2][1]+")");
    }
    //求两点的距离
    private static double distance(double x1, double y1, double x2, double y2) {
        return Math.sqrt((x2-x1)*(x2-x1)+(y2-y1)*(y2-y1));
    }
}
```

程序运行，按照提示输入信息：

请输入点的个数：

4

请输入4个点：

```
1
0
2
5
3
6
7
8
```

得到结果是:

最近的两个点是:(2.0,5.0)和(3.0,6.0)

例 4.4 将十六进制数转换成十进制数。

程序分析:十六进制数字有 16 个数字:0~9,A~F,字母 ABCDEF 对应十进制数字 10、11、12、13、14、15 和 16。首先要控制输入字符的个数,如果字符数目超过一个,程序不再执行,退出。如果字符是一个,利用 Character.*toUpperCase()* 将字符串变成大写字母,接着判断字符串是 A~F 的字母还是数字 0~9(用 Character.*isDigit*(ch)判断)。如果是 A~F 的字母,则对应转换成 10~16 的数字,如果是 0~9 的数字,则对应的十进制依然是它们。若都不是,则提示非法输入。程序代码如下:

```java
import java.util.Scanner;
public class Eg4_7 {
    public static void main(String[] args) {
        Scanner input=new Scanner(System.in);
        System.out.println("请输入一个十六进制的数: ");
        String hexString=input.nextLine();
        if(hexString.length()!=1){
        System.out.println("你只能输入一个字符! ");
        System.exit(1);}
        char ch=Character.toUpperCase(hexString.charAt(0));
        if(ch<='F' && ch>='A'){
            int value=ch-'A'+10;
            System.out.println("你输入的十六进制数"+ch+"对应的十进制数是"+value);
        }
        else if (Character.isDigit(ch)) {
            System.out.println("你输入的十六进制数"+ch+"对应的十进制数是"+ch);
        }else {
            System.out.println(ch+"是一个非法输入");
        }
    }
}
```

运行结果如下:

请输入一个十六进制的数：

16

你只能输入一个字符！

再次运行：

请输入一个十六进制的数：

b

你输入的十六进制数 B 对应的十进制数是 11

再次运行：

请输入一个十六进制的数：

9

你输入的十六进制数 9 对应的十进制数是 9

4.4 思考题与练习程序

(1) 将 10 个整数按照从大到小的顺序排列。

(2) 数组长度为 8，找到所有大于平均值的数，并写出它们的位置。

(3) 编写一个程序，生成 0～9 之间的 100 个随机整数，然后显示每一个数出现的次数。

(4) 编写程序，求 5×5 的 double 类型矩阵中对角线上所有数值的和。

(5) 编写矩阵转置的方法。

(6) 编写两个矩阵相乘的方法。

(7) 编写一个程序，要求输入一个 ASCII 码的输入(0～127 之间的一个整数)，然后显示该字符。

(8) 输入 0～15 之间的一个整数，显示其对应的十六进制数。

(9) 编写一个程序，提示用户输入一个字符串，显示它的长度和第一个字符。

实验五 面向对象程序设计的基本知识

5.1 实验目的

(1) 了解类和对象的定义；
(2) 了解构造方法和实例方法的区别；
(3) 掌握构造方法编写和重载；
(4) 掌握对象的声明、实例化及成员变量和方法的引用；
(5) 掌握接口的定义和使用方法；
(6) 掌握内部类的定义和使用方法。

5.2 实验预习

5.2.1 类

Java 程序是由类组成的。为方便用户编程，JDK 为程序员定义了丰富的类，我们称这些 Java 预先定义的类叫 Java 基础类(Java Foundation Classes，JFC)。如果程序员需要使用 JFC，可以通过在 Java 程序的开始位置设置 import 语句来告诉计算机需要使用哪些 JFC。其格式为：

   import　[包名.]类名；

其中[包名.]部分在当要引入的类和当前程序所在的类在同一个目录下时可以省略不写。类名指需要引用的类的名字，当要引用同一个目录中的所有类时可以用"*"代替，即写成 import 包名.*;。

程序员自己定义的类的结构如下：

   [类说明修饰符] class 类名 [extends 父类名][implements 接口名列表]
   {
    类的成员变量声明与初始化
    类构造方法定义
    类的成员方法声明和定义
   }

自定义类主要分为类的声明和类的定义两部分。在类的声明部分中，class 是类声明的保留字。

"类说明修饰符"是 public、abstract 和 final 三个保留字中的一个。如果类说明修饰符是 public，则表明用户定义的类是一个公共类，在一个 Java 程序文件中可以有若干个类，但只能有一个公共类；如果类说明修饰符是 abstract，则说明用户定义的类是一个抽象类，抽象类无法用 new 运算符生成实例化的对象；如果类说明修饰符是 final，则说明用户定义的类是最终类，最终类是不可继承的。如果在定义中没有类说明修饰符，则说明该类为包权限，可为同一目录下的其他类所引用。

类声明中的 extends 子句用于说明该类的父类。Java 仅支持单继承，因此 extends 保留字后只能有一个父类的名称。

Implements 子句说明将在本类中实现的接口，接口的使用将在后续章节中详细说明。

在类定义部分包含类的成员变量声明与初始化、类构造方法定义、类的成员方法声明和定义三部分。

1. 类的成员变量声明与初始化

Java 规定程序中所有的常量、变量、数组和对象在使用之前必须进行声明和初始化。虽然我们可以在使用这些元素的前一条语句中书写其声明和初始化语句，但为了提高程序的可读性，我们通常会在类的开始部分，对整个类中共用的常量、变量、数组和对象等元素进行声明和初始化。这些在类开始部分声明的常量、变量、数组和对象通常被称为成员常量或成员变量。其初始化语句在前几个实验中都有涉及，故在此不再赘述。

2. 类构造方法定义

类定义的第二部分是类的构造方法，Java 规定类的构造方法只能在利用 new 运算符通过类创建类的对象(实例)时被执行。为此，类的构造方法不能用 private 来说明也不能返回 void 类型，同时类的构造方法必须与类名相同。通常在类的构造方法的定义语句中不需要写返回值类型，系统默认返回值类型就是当前类的类型，而且 Java 还规定一个类中可以包含若干个构造方法，这些构造方法只需参数不同即可，这也正是 Java 语言多态特征的一个表现。

另外，如果一个类中没有用户声明的构造方法，则系统将提供缺省的构造方法，缺省构造方法没有参数，也没有具体的语句，不完成任何操作；如果一个类中包含了构造方法的说明，则系统不再提供缺省的构造方法。

构造方法的定义语句格式如下：

　　类名([形参数据类型 形参 1, 形参数据类型 形参 2,…]){
　　　　Java 语句；
　　}

在构造方法中可以没有形参，也可以有多个形参，构造方法的定义部分由若干个 Java 语句组成，这些 Java 语句通常是用来初始化类的成员变量或对类中某些成员变量进行计算的语句。

3. 类的成员方法声明和定义

类的成员方法在类中用于描述类的各种行为操作。通常情况下，每个类的成员方法能够完成一件事或完成一个过程。为此类的成员方法可以有一个或多个形式参数作为输入，并且必须有返回值类型，如果该成员方法不需要有返回值则返回值类型是 void。

成员方法的定义和声明语句格式如下：

方法声明　{ [成员方法修饰符] 返回值类型 成员方法名([参数列表]) [throws 异常列表]

方法定义 { { 方法体 }

在成员方法的声明和定义语句中，成员方法声明部分的修饰符可以有两种。一种是限定访问权限的修饰符，包括 public、private、protected，其功能和成员变量的修饰符相同；另一种是限定方法功能的修饰符，包括 static、final、abstract 和 synchronized。

(1) static 修饰的方法称为静态方法或类方法，调用此类方法的语句格式是：

　　类名.类方法名(参数表);

(2) final 修饰的方法称为最终方法，此类成员方法不可被继承。

(3) abstract 修饰的方法称为抽象方法，此类方法只有方法声明，没有相应的方法体，具有此类方法的类称为抽象类，此类方法只能在该类的子类中定义后才可使用。

(4) synchronized 修饰的方法称为同步方法。它主要用于多线程的程序设计，用于保证在同一时刻只有一个线程可以访问该方法，从而实现线程之间的同步。同步方法是实现资源之间协商共享的保证方式，其具体使用将在后续的介绍多线程的章节中详细说明。

成员方法的返回值类型也叫方法的类型，它可以是 Java 中任何有效的类型。方法的返回值由方法体中的 return 语句实现，当一个成员方法没有返回值时，方法的返回类型是 void，且方法体中的 return 语句可省略。

成员方法名可以是任何合法的标识符。

成员方法声明部分中的参数表可以不含任何参数，也可以包含多个参数。参数的类型可以是基本数据类型，也可以是引用数据类型。这些参数被称为形式参数，定义时它们不占内存空间，在实际调用方法时，这些参数被实际的数值或变量引用所取代。这些取代形式参数的数值或变量引用，我们称其为实际参数，而用实际参数取代形式参数的过程被称为参数传递。

5.2.2 对象

Java 程序定义类的最终目的是生成并使用对象。在 Java 程序中，类可以看成是对象的模板，而对象则是类的一个实例。对象操作包括生成对象和使用对象两种。

1. 生成对象

Java 生成对象要经过三个步骤，分别是声明对象、实例化对象和初始化对象。Java 中对象的声明语句的一般格式有两种，它们是：

　　[修饰符] 类名 对象名;

和

　　[修饰符] 类名 对象名列表;

其中修饰符是可选项，它和前面成员变量的声明语句的修饰符的功能相同。当声明同一个类的多个对象时，可以利用第二种语句格式，在一条语句中同时声明多个对象。对象名列表是指用","隔开的多个对象名。

Java 实例化对象的语句格式为：

new 类的构造方法([参数列表]);

语句中的参数列表是可选项，它根据调用的不同构造方法使用不同的参数。值得注意的是，如果仅用上面的语句实例化对象，系统会产生一个匿名对象，这个匿名对象在程序中无法直接访问。如需在程序中访问新生成的对象，就需把实例化对象的语句作为表达式赋值给声明的对象名，即初始化对象。其语句格式为：

对象名=new 类的构造方法([参数列表]);

当然，我们也可以一步到位地把生成对象的三个步骤用一个语句来完成，其格式如下：

[修饰符] 类名 对象名= new 类的构造方法([参数列表]);

2. 使用对象

在创建了对象之后，就可以使用该对象。对象的使用包括访问对象的成员变量和调用对象的成员方法两种。

访问对象的成员变量的格式为：

对象名.成员变量名

需要注意的是，类中的成员变量在它所在的类中可以直接使用，不需要使用对象。类中定义的类变量(用 static 说明的变量)在其他类中使用时，可使用如下格式引用：

类名.类变量名

调用对象的成员方法的格式为：

对象名.成员方法名([参数列表]);

特别需要注意的是，如果是调用类方法，则无法使用上述方法调用语句。需要使用如下语句格式来调用：

类名.方法名([参数列表]);

5.2.3 继承与多态

Java 允许定义独立的类，也可以通过 extends 保留字说明新定义的类继承自哪个类。两个类之间一旦具有继承关系，父类的特性可以适用于子类，子类还可以具有各自特殊的特征，一个子类的属性可能不属于另一个子类。

在 Java 中定义的所有类，在没有特殊说明其父类的情况下，都默认继承自 Object 类。Java 仅支持单继承，所以在类的定义中，extends 保留字后仅可以有一个父类名。

一个子类可以从父类中继承成员变量和成员方法，而父类也有可能再从它的父类中继承属性，这种继承关系具有传递性，即一个对象可以继承其所有的祖先类中的成员变量和方法。继承性也受访问权限的控制，子类中只能访问父类中公有或保护类型的成员变量或方法。

子类的方法中可以调用父类中的方法，当然也可以修改它们。修改方法是指，在子类中定义一个与父类有相同名字和相同参数列表的方法，但两个方法的功能和实现代码不完全相同。这种机制称为方法的重写。在子类中重写父类的同名方法，也是多态的一个表现。

在子类中有时需要调用自己的方法，有时需要调用父类中的方法，当子类中的某个方法和父类中的方法重名时，为了能够准确指定调用的是哪个方法可以使用 this 和 supper 保留字。其格式为：

调用当前类的成员变量：this.成员变量。

调用当前类的方法：this.方法([参数列表])。

调用当前类的构造方法：this([参数列表])。

调用当前类的父类中的构造方法：super([参数列表])。

需要注意的是，在构造方法中使用 super 保留字指代父类中的构造方法时，super 所指代的父类构造方法要放在构造方法的首行。

5.2.4 接口与抽象类

抽象类通常用来表示抽象概念，它不可被实例化。也就是说抽象类无法通过 new 运算符实例化出相应的实例对象。

将类声明为抽象类的方法是在类声明语句中的 class 保留字前使用 abstract 保留字修饰。即：

```
abstract class  抽象类名{
    ……
    成员方法;
    抽象方法;
}
```

如果在程序中试图对抽象类进行实例化操作，编译系统会显示一个错误消息。

一般的抽象类中都会有抽象方法(abstract method)。抽象方法是指用 abstract 修饰的仅有方法声明，没有实现方法体的方法。抽象类可以通过声明抽象方法的方式为它的子类定义一个完整的编程接口，并且允许它的子类通过重写抽象方法的方式，实现这些抽象方法的功能。Java 要求抽象类中应该包含至少一个方法的完整实现。

需要注意的是，抽象类不必包含抽象方法。但是如果一个类包含抽象方法，或者没有为它的父类或它实现的接口中的抽象方法提供实现，那么这个类必须声明为抽象类。也就是说具有抽象方法的类一定是抽象类。

要想使用抽象类，首先要建立抽象类的子类，在子类中实现抽象类中声明的所有抽象方法。然后才能对抽象类的子类实例化，并通过实例化的对象访问其成员方法和属性。

接口可以看作是没有实现的方法和常量的集合。接口与抽象类相似，接口中的方法只是做了声明，而没有定义任何具体的操作方法。使用接口是为了解决 Java 语言中不支持多重继承的问题。

我们可以把接口看成纯抽象类。接口的定义形式如下：

```
[接口修饰符] interface  接口名称   [extends  父类名 ]{
    静态常量
    方法原型说明
}
```

接口中的方法必须是抽象方法。这些方法因为要在一个具体的类中来实现，所以它们必须是公有的。可以显式地用 public 关键字来修饰,如果不写修饰符的话,Java 隐含规定它们也是公有的。

接口只能通过继承来使用,即在继承某个或某几个接口的类中,完全实现所有的抽象方法后,再通过 new 运算符创建该类的实例以使用。其基本使用方式如下:

```
public class 类名 implements 接口名列表{
    ……
    接口内定义的抽象方法的方法体
}
```

接口的另一种使用方法是:通过接口声明对象,由于接口声明的对象无法封装其实现部分,所以在使用前必须通过接口的子类生成对象,然后再把对象赋给通过接口声明的引用变量。通过这些引用变量可以访问类所实现的接口中的方法。Java 运行时系统会动态地确定应该使用哪个类中的方法。

如下面这段代码,其中 eg5_14 是一个实现了接口 MyShape 的子类。在使用时我们可以通过接口 MyShape 声明对象引用 s1,但因为接口中的所有方法没有被实现,故无法使用。然后我们通过 new 运算符创建一个类 eg5_14 的匿名对象,然后用 s1 引用去指向它,这样我们就可以通过 s1 来调用 eg5_14 类匿名对象中的方法了。

```
public class eg5_15{
    public static void main(String[] args) {
        MyShape s1;                    //用接口声明对象
        s1=new eg5_14();               //用接口的子类实现对象
        ((eg5_14)s1).setC(4);
        ((eg5_14)s1).setS(4);
        System.out.println("面积"+s1.getS());
        System.out.println("周长"+s1.getC());
    }
}
```

5.2.5 最终类、内部类与匿名类

1. 最终类

使用关键字 final 声明的类称为最终类,最终类不能被继承,如果不希望一个类被继承,则声明该类为最终类。抽象类不能被声明为最终类。

同样地,用 final 声明的方法称为最终方法,最终方法不能被子类覆盖。如下面的代码:

```
public class Circle1 extends Graphics1 {
    public final double area() {       //最终方法,不能被子类覆盖
        return Math.PI*this.radius*this.radius;
    }
}
```

最终类可以不包含最终方法,非最终类也可以包含最终方法。

2. 内部类

如果在一个类的内部再定义一个类，那么这个在类内部定义的类称为内部类。

```
class Circle {
    double radius = 0;
    public Circle(double radius) {
        this.radius = radius;
    }
    class Draw {         //内部类
        public void drawSahpe() {
            System.out.println("drawshape");
        }
    }
}
```

内部类可以定义在类中也可以定义在方法中。这种定义在方法中的内部类其作用域仅限于该方法的内部，所以也称为局域内部类。

```
class People{           //父类
    public People() {
    }
}
 class Man{             //子类
    public Man(){ }
    public People getWoman(){    //子类的成员方法
        class Woman extends People{    //定义在方法中的局部内部类
            int age =0;
        }
        return new Woman();
    }
}
```

3. 匿名类

当我们在一个类中定义的内部类仅使用一次时，我们可以把类的定义和实例化的语句结合在一起书写。由于通过这种方法定义的类仅实例化一次，就不需要为实例命名，因此定义的内部类也就没有名称。这种没有名字的内部类被称为匿名类。

匿名类经常被用在 Java 的 GUI 编程方面。如下面的代码：

```
scan_bt.setOnClickListener(new OnClickListener() {    //在方法参数声明中定义的匿名类
    public void onClick(View v) {
    }
});
```

在代码中为 scan_bt 对象的 setOnClickListener()方法的参数定义了一个匿名类，并通过

new 运算符为此匿名类创建了一个匿名对象,作为 setOnClickListener()方法的参数。该匿名类中包含一个 onClick()方法定义。

5.3 实验内容

例 5.1 类定义举例。要求编写一个类来描述汽车的信息,其中用字符型成员变量描述车牌号,用浮点型成员变量描述车的价格,类中包含修改价格的方法。编写一个测试类,对汽车对象进行操作,根据折扣数修改汽车的价格,最后在 main()方法中输出修改后的汽车信息。

程序分析:在这个题目中,将定义一个类 Car,具体包括它的车牌号、价格和打折后的价格等属性,构造方法和修改车价格的方法。在 main()方法中创建汽车对象并输出汽车信息。

程序代码如下:

```java
/* 定义主类 eg5_1 作为测试类 */
public class eg5_1 {
    public static void main(String[] args) {
        Car c = new Car("奔驰 S6OO", 50000);
        c.changePrice(0.8);            //价钱打 8 折
        c.displaymessage();
    }
}
/* 定义汽车类 Car */
class Car {
    String chePai; // 车牌
    double price; // 价格
    double price1; // 打折后价格
    Car(String chePai, double price) {
        this.chePai = chePai;
        this.price = price;
    }
    public void changePrice(double p){ //修改车价的方法
        this.price1 = price * p;
    }
    void displaymessage() { //显示汽车信息的方法
        System.out.println("这辆车的品牌是" + chePai + "原价是" + price + "元," +
                    "打折后为 " + price1 + "元。");
    }
}
```

程序运行结果为：

这辆车的品牌是奔驰S600原价是50000.0元，打折后为40000.0元。

例 5.2　设计一个银行账户类，成员变量包括银行账号、储户姓名、开户时间、序列号、存款余额等账户信息，成员方法包括存款、取款操作。

程序分析：在这个实验中，编写一个类bank，包含的属性有Id、用户名、用户姓名、存款时间、存款数目，成员方法有取钱 cun()和存钱 qu()，显示用户信息 info()。此外，编写一个与显示用户信息同名的类方法 info()。在测试类中首先通过 new 创建一个 b1 的储户对象，然后显示其信息，接着分别修改储户对象的一些参数并显示修改后的储户信息。程序代码如下：

```java
/*  测试类 eg5_2  */
public class eg5_2 {
    public static void main(String[] args) {
        Bank b1 = new Bank("鹿鹿", "鹿容", "2012-04-30", 1, 0.0);
        b1.info();       //显示构造的对象
        b1.setUser("老王");
        b1.setName("张山");
        b1.setId(2);
        b1.setTime("2012-04-30");
        b1.setMoney(100.00);
        b1.info();       //显示修改过的对象
        b1.cun(100000.00);
        b1.info();       //显示存过钱的对象
        b1.qu(10000.00);
        b1.info();       //现实取过钱的对象
    }
}
/*  银行类  */
class Bank {
    private String user;
    private String name;
    private String time;
    private int id;
    private double money;
    Bank(String user, String name, String time, int id, double money) {
        this.user = user;
        this.name = name;
        this.time = time;
        this.id = id;
        this.money = money;
```

}
void setUser(String user) {
    this.user = user;
}
String getUser() {
    return user;
}
void setName(String name) {
    this.name = name;
}
String getName() {
    return name;
}
void setTime(String time) {
    this.time = time;
}
String getTime() {
    return time;
}
void setId(int id) {
    this.id = id;
}
int getId() {
    return id;
}
void setMoney(double money) {
    this.money = money;
}
double getMoney() {
    return money;
}
public void cun(double inMoney) {
    money = money + inMoney;
}
public void qu(double outMoney) {
    money = money - outMoney;
}
public void info() {   //成员方法
    System.out.printf(getId()+" "+getName()+" "+ getUser()+" "+ getMoney()+'\n');

```
            }
            public static void info(Bank b) {        //静态输出方法,类方法
                    System.out.printf(" 类方法: "+b.getId()+"  "+b.getName()+" "+ b.getUser()+" "+
b.getMoney()+'\n');
                    }}
```
运行结果如下:
```
    1  鹿容 鹿鹿 0.0
类方法: 2  张山 老王 100.0
    2  张山 老王 100100.0
    2  张山 老王 90100.0
```
例 5.3 编写一个汽车类,要求有车辆 ID 号,和显示 ID 号的方法。再编写一个具有时速,并能显示时速的轿车类。在 main 方法中输出这些信息。

程序分析:定义一个父类 Vehicle 具有 ID 属性和显示方法,编写一个子类轿车具有时速和显示方法,在 main 方法中调用父类和子类的方法。程序代码如下:

```
/*测试类 eg5_3*/
public class eg5_3 {
    public static void main(String[] args) {
        // 产生一个车辆对象
        Car1 benz = new Car1();
        benz.displayMph();
        benz.setID(9527);
        benz.setMph(10);
        benz.displayID();
        benz.displayMph();
    }
}
```
父类 Vehicle 中定义了车号和相应的构造方法和成员方法。
```
class Vehicle { // 车辆类
    int VehicleID; // 性质:车辆的 ID 号
    Vehicle(){
        VehicleID=0;
    }
    Vehicle(int v){
        VehicleID=v;
    }
    void setID(int ID) {
        VehicleID = ID;
    }
```

```
        void displayID() { // 方法：显示 ID 号
            System.out.println("车辆的号码是：" + VehicleID);
        }
    }
```
子类 Car1 定义了汽车的时速，汽车的两个构造方法、设置轿车时速的方法 setMph() 和显示轿车时速的方法 displayMph()。
```
    class Car1 extends Vehicle {    // 轿车类
        int mph; // 时速
        Car1(){
            super();
            mph=0;
        }
        Car1(int speed){
            super(5);
            mph=speed;
        }
        void setMph(int mph) {
            this.mph = mph;
        }
        void displayMph() { // 显示轿车的时速
            System.out.println("轿车号:"+super.VehicleID+" 轿车的时速是：" + mph);
        }
    }
```
程序的运行结果如下：

```
轿车号:0 轿车的时速是：0
车辆的号码是：9527
轿车号:9527 轿车的时速是：10
```

运行结果分析如下：

在测试程序执行 Car1 benz = new Car1();语句时系统首先调用 Car1()构造方法，当执行 super();语句时系统调用其父类中的构造方法 Vehicle()，然后设置汽车的时速。因此输出的轿车号为 0，时速为 0。修改后再输出则显示车号为 9527，时速是 10。

请读者思考如果构造方法中采用带参的构造方法，程序将如何执行。

例 5.4 类成员的覆盖和重载举例。要求定义一个父类 Parent，具有属性 i 和设置 i 的方法 setI()。定义一个子类 Son 在子类中重写父类的方法。在 main 方法中调用子类的方法。

程序分析：在子类和父类中都有成员变量 i 和成员方法 setI()。这就造成了在创建子类对象时会屏蔽父类中相应的成员变量和方法。程序代码如下：
```
    public class eg5_4 {
```

```java
        public static void main(String args[]) {
            Son son = new Son();
            System.out.println("son.i=" + son.i);     //显示子类成员变量
            son.setI(100);                             //调用子类的成员方法
            System.out.println("After setI(100) : son.i=" + son.i);
            Parent parent = son;
            System.out.println("See son as Parent : son.i=" + parent.i); //调用父类成员变量
        }
    }
    class Parent {
        int i = 10;// 父类变量
        public void setI(int i) {
            this.i = i;
        }
    }
    class Son extends Parent {
        int i = 0;// 子类与父类同名的变量
        public void setI(int i) {
            this.i = i;
        }
    }
```

运行结果如下：

```
son.i=0
After setI(100) : son.i=100
See son as Parent : son.i=10
```

从上面的运行结果可看出，通过子类对象调用成员变量 i 和成员方法 setI()时，会显示子类的成员变量(父类中的同名成员变量会被屏蔽)或子类的成员方法。要想访问父类中被屏蔽的成员变量和成员方法则需要把 Son 当作 Parent 类型来使用，也就是说使用其父类的引用 Parent 指向子类的对象 Son，通过父类的引用 Parent 调用父类的成员变量和方法。

例 5.5 定义一个父类和它的构造方法，定义一个子类和它的构造方法，在主函数中调用父类和子类的方法。

程序分析：为了更好地验证父类和子类之间的继承方式，以及在构造方法的执行机制，我们定义三个类：父类 BaseClass、子类 SuberClass 和测试类 eg5_5，在测试类中先创建父类的对象，然后再创建子类的对象并观察运行结果。程序代码如下：

```java
/*测试类 eg5_5*/
public class eg5_5 {
    public static void main(String[] args) {
        System.out.println("创建 BaseClass 对象:");
        new BaseClass();
```

```
            System.out.println("创建 SuberClass 对象:");
            new SuberClass();
        }
    }

    /*父类 BaseClass*/
    class BaseClass {
        public BaseClass() {       //构造方法
            System.out.println("Now in BaseClass()");
            init();
        }
        public void init() {       //成员方法
            System.out.println("Now in BaseClass.init()");
        }
    }

    /*子类 SuberClass*/
    class SuberClass extends BaseClass {
        public SuberClass() {      //子类构造方法
            System.out.println("Now in SuberClass()");
            inits();
        }
        public void inits() {      //子类的成员方法
            System.out.println("Now in SuberClass.init()");
        }
    }
```

程序运行结果如下：
```
创建BaseClass对象:
Now in BaseClass()
Now in BaseClass.init()
创建SuberClass对象:
Now in BaseClass()
Now in BaseClass.init()
Now in SuberClass()
Now in SuberClass.init()
```

运行结果分析：

当在测试类中执行 new BaseClass();语句的时候，系统会按顺序执行父类的构造方法中的语句。当在执行 new SuberClass();语句时，系统在执行其构造方法时会自动先执行其父类的构造方法然后再执行子类构造方法的其他语句，所以会显示：

Now in BaseClass()

Now in BaseClass.init()
Now in SuberClass()
Now in SuberClass.init()

另外请读者思考并尝试一下，如果父类中的方法和子类中方法重名的情况，和父类中有多个构造方法，子类中也有多个构造方法的情况下，Java 会如何执行。

例 5.6 抽象类和接口举例。编写一个表示二维形状的抽象类，并据此衍生出若干子类并使用。

程序分析：根据题意，首先需要定义一个关于二维形状的抽象类，在类中针对二维形状的一些相关特征定义成员变量和抽象方法，然后分别再定义两个子类圆和矩形继承该抽象类并实现其抽象方法。这个例子演示抽象类与抽象方法的作用。程序代码如下：

```java
public abstract class PlaneGraphics {
    private String shape;  // 形状
    public PlaneGraphics(String shape) {
        this.shape = shape;
    }
    public PlaneGraphics() {
        this("未知");
    }
    public abstract double area();        // 计算面积的抽象方法，分号";"必不可少
    public void print() {                 // 显示面积，非抽象方法
        System.out.println(this.shape + "面积为 " + this.area());
    }
}

public class Rectangle extends PlaneGraphics {
    protected double length;  // 长度
    protected double width;   // 宽度
    public Rectangle(double length, double width) {  // 构造方法
        super("长方形");
        this.length = length;
        this.width = width;
    }
    public Rectangle(double width) {  // 正方形是长方形的特例
        super("正方形");
        this.length = width;
        this.width = width;
    }
    public Rectangle() {
        this(0, 0);
```

实验五　面向对象程序设计的基本知识 · 57 ·

```java
        }
        public double area() {        // 计算长方形面积，实现父类的抽象方法
            return this.width * this.length;
        }
    }

    public class Elipse extends PlaneGraphics {    // 椭圆类
        protected double radius_a; // a 轴半径
        protected double radius_b; // b 轴半径
        public Elipse(double radius_a, double radius_b) { // 构造方法
            super("椭圆");
            this.radius_a = radius_a;
            this.radius_b = radius_b;
        }
        public Elipse(double radius_a) { // 圆是椭圆的特例
            super("圆");
            this.radius_a = radius_a;
            this.radius_b = radius_a;
        }
        public Elipse() {
            this(0, 0);
        }
        public double area() { // 计算椭圆的面积，实现父类的抽象方法
            return Math.PI * this.radius_a * this.radius_b;
        }
    }

    /*  使用平面图形类及子类   */
    public class eg5_6 {
        public static void main(String[] args) {
            PlaneGraphics g1 = new Rectangle(10, 20); // 获得子类长方形实例
            g1.print(); // print()不是运行时多态性，其中调用的 area()表现运行时多态性
            g1 = new Rectangle(10); //  正方形
            g1.print();
            g1 = new Elipse(10, 20); // 椭圆
            g1.print();
            g1 = new Elipse(10); //  圆
            g1.print();
        }
```

}

运行结果如下：

　　长方形面积为200.0
　　正方形面积为100.0
　　椭圆面积为628.3185307179587
　　圆面积为314.15926535897932

运行结果分析：

在PlaneGraphics抽象类中分别定义了无参和带参的构造方法，并声明了一个求平面图形面积的抽象方法area()，将其声明为抽象方法是因为不同类型的平面图形的求面积的方法不尽相同。在其子类Rectangle、Elipse中分别对area()方法重写，使其成为分别针对矩形和椭圆的面积计算方法。因此，在测试类eg5_6中，首先声明了一个PlaneGraphics引用，并用其指向其Rectangle子类的对象，这样在我们输出面积时，系统会自动调用Rectangle类中的area()方法实现，所以计算结果为200，同理可以求出正方形、椭圆和圆的面积。从这可看出通过父类引用访问子类对象可以很方便地实现计算方法上的多态和重载。

例5.7 接口使用举例。编写一个接口Animal，其成员变量有name、cType、weight，分别表示动物名、年龄和重量。方法有showInfo()、move()和eat()，其中后面的两个方法是抽象方法。另外编写一个类Bird继承Animal，实现相应的方法。通过构造方法给name、cType、weight分别赋值，showInfo()输出鸟名、年龄和质量，move()输出鸟的运动方式，eat()输出鸟喜欢吃的食物。编写测试类eg5_7，用Animal类型的变量，调用Bird对象的三个方法。

程序分析：根据题意，我们需要定义接口Animal，子类Bird和测试类eg5_7。在Bird类中需要实现接口Animal的所有抽象方法。程序代码如下：

```java
public interface Animal {
    String  name="动物";            //动物名字
    String  cType="各种动物";       //动物种类
    int     weight=0;               //动物平均重量
    void showinfo();                //显示动物信息
    void move();                    //显示动物活动方式
    void eat();                     //显示动物饮食习惯
}

public class Bird implements Animal {
    String name;                    // 动物名字
    String cType;                   // 动物种类
    int weight;                     // 动物平均重量
    public Bird() {
    }
    public Bird(String n, String c, int w) {
        name = n;
```

实验五 面向对象程序设计的基本知识

```
            cType = c;
            weight = w;
        }
        public void showinfo() {
            System.out.println("动物名称:" + name + " 动物种类:" +
                    cType + " 动物重量:" + weight);
        }
        public void move() {
            System.out.println(name + "的行动方式是奔跑！");
        }
        public void eat() {
            System.out.println(name + "什么都吃！");
        }
        public void eatA() {
            System.out.println(Animal.name + "什么都吃！");
        }
}

public class eg5_7 {
    public static void main(String args[]){
        Animal tn=new Bird();
        tn.eat();
        tn.move();
        tn.showinfo();
        tn=new Bird("傻鸟","鸵鸟",80);
        tn.eat();
        tn.move();
        tn.showinfo();
        Bird b;
        b=(Bird)tn;
        b.eatA();
    }
}
```

程序运行结果如下：
```
null什么都吃！
null的行动方式是奔跑！
动物名称:null 动物种类:null 动物重量:0
傻鸟什么都吃！
傻鸟的行动方式是奔跑！
动物名称:傻鸟 动物种类:鸵鸟 动物重量:80
动物什么都吃！
```

程序运行结果分析：

在 Animal 接口中定义了 name、cType、weight 等 3 个静态最终变量，它们是不可被继承的，子类 Bird 实现了 eat()、move()和 showinfo()方法，同时实现了一个自己的方法 eatA()。在 eatA()中分别调用了子类的成员变量和接口中的常量，因此导致输出结果的最后一句"动物什么都吃"。在测试类中，声明的引用 tn 指向通过无参构造方法创建的 Bird 对象，此对象的信息默认为空，所以输出的都是 null，当 tn 指向带参构造方法构造的 Bird 对象时，输出的是具有参数说明的信息。但由于 Animal 型的引用无法引用到子类 Bird 的自有方法中，所以要想调用 eatA()方法，就必须创建 Bird 引用 b，并使 b 指向 tn 引用指向的对象，但由于不是同种数据类型，所以必须通过强制转换(使用语句 b=(Bird)tn;)后才能赋值。

例 5.8　内部类举例。

程序分析：内部类可以创建在类的内部与方法平行，也可以创建在方法内部，还可以用像类方法那样用 static 保留字修饰成为静态内部类，程序演示了这三种内部类的创建和使用方法。程序代码如下：

```java
/*测试类*/
public class eg5_8 {
    public static void main(String[] args) {
        // 非静态内部类创建方法
        Inner.Limian l = new Inner().new Limian();
        l.show();
        // 局部内部类的方法调用
        Inner i = new Inner();
        i.method();
        // 静态内部类创建方式
        Inner.staticTest t = new Inner.staticTest();
        Inner.staticTest.show(); // 调用方法一
        t.show();                // 调用方法二
    }
}

/*各种内部类的定义*/
class Inner {
    private int num = 3;
    class Limian {
        public void show() {
            System.out.println(num);// 内部类可以访问外部类的私有变量
        }
    }
    // 局部内部类，通常放在方法定义的内部，仅为该方法服务
    public void method() {
```

```
                int num2 = 55;
                class JuIn {
                    public void zhanshi() {
                        System.out.println(num2);
                    }
                }
                System.out.println("访问局部变量" + num2);
                // 在局部创建内部类对象
                JuIn ji = new JuIn();
                ji.zhanshi();
            }
    // 内部类用静态变量修饰
        private static final int num1 = 6;
        public static class staticTest {
            public static void show() {        // 静态内部类访问外部变量必须用 static 修饰
                System.out.println("访问静态内部类变量"+num1);
            }
        }
    }
}
```
程序运行结果如下：
3
访问局部变量55
55
访问静态内部类变量6
访问静态内部类变量6

运行结果分析：

  内部类对象的声明和调用时类的使用方法是"外部类名.内部类名"。内部类可以像类中的方法那样直接访问类中的成员变量，因此输出了第一行的 3，局部内部类的作用范围仅在定义它的方法之内，所以要调用局部内部类中的方法，仅能通过调用定义局部内部类的方法来访问。静态内部类的方法调用可以通过类方法的调用方式调用，也可以使用"对象名.方法名"的形式调用，这就是后两行结果的由来。

5.4 思考题与练习程序

(1) 定义一个学生类并创建一个学生类的实例。

(2) 编写一个三角形类，使其能根据 3 个实数构造三角形对象，如果 3 个实数不满足三角形的条件，则自动构造最小值为边的等边三角形。输入任意 3 个数，输出三角形的面积。

(3) 定义一个运输工具 (Vehicle)类，类中包含名称(name)、品牌(brand)、最大载重量

(loadcapacity)、当前重量(load)、最高速度(maxspeed)、速度(speed)等属性,还包含移动(move)、加速(speedup)、减速(slowdown)、停止(stop)等方法。再定义飞机(Plane)、汽车(Car)、轮船(Ship)、马车(Wangon)类。分别重写其 move 和 stop 方法。编写测试类 TestVehicle,在其 main 方法中声明一个 Vehicle 类型的引用变量 vehicle,分别引用一个 Plane、Car、Ship、Wagon 对象,并执行相应的方法。

(4) 为管理学校中教师的工作证和学生的学生证设计一个类体系结构,尽可能保证代码的重用率。假设教师工作证包括编号、姓名、出生年月、部门、职务和签发工作证日期;学生证包括编号、姓名、出生年月、学院、专业、入校时间及每学年的注册信息等。

(5) 按以下要求编写程序。

① 定义接口 AreaInterface。该接口有一个双精度浮点型的常量 PI,它的值等于 Math.PI;含有一个求面积的方法 double area()。

② 定义一个 Rectangle(长方形)实现 AreaInterface 接口,该类有两个 private 访问权限的双精度浮点型变量 x、y,分别表示长方形的长和宽;定义一个 public 访问权限的构造方法,用来给类变量赋值;实现 area()方法得到长方形的面积;定义 toString()方法,返回一段字符串信息,内容格式如下:"该长方形面积为:" + 面积。

③ 定义一个 TestArea 类。在它的 main()方法中创建一个 Rectangle 对象,长为 10.0,宽为 20.0,输出它的面积。

(6) 在一个类 Outer 中定义了属性 name 和 i,其构造方法是,将 name 赋值为 Outer,i 赋值为 20,在 Outer 中定义一个内部类 Inner,也定义 name 和 i,并将其初始化为 Inner 和 10;在内部类中编写一个方法 printInner(),输出外部类和内部类中所有的属性值。

实验六 泛型与集合

6.1 实验目的

(1) 了解泛型的概念；
(2) 了解集合类的主要功能；
(3) 掌握泛型的用法；
(4) 掌握集合类 List 和 ArrayList 的用法。

6.2 实验预习

6.2.1 泛型

泛型(Generic type)是数据类型多态化的一种体现。Java 通过泛型可以实现数据类型参数化。我们可以定义泛型类、泛型接口和泛型方法。

1. 带泛型的类

定义带泛型的类的语句格式是：

  [类说明修饰符] class 类名< 类型参数列表> [extends 父类名][implements 接口名列表]{

    ……

  }

这里的"类型参数列表"两边的尖括号是不可省略的。类型参数列表中的类型参数指的是在类定义中需要的可变类型的符号。类型参数列表的类型参数决定于类定义中需要的可变类型的个数。此外其他的参数和类定义完全相同。例如我们定义一个具有两个可变类型的类，参数类型参数列表中就需要有两个参数。

在类定义完成后，使用带泛型的类时，可以把"类名<类型参数列表>"看成一个整体，当作类名使用，只不过在使用时参数列表要替换成相应的实参(即参数所代表的类)。

2. 带泛型的方法

定义带泛型的方法和定义普通成员方法的语句格式完全一样，只是方法的返回值类型和方法的参数可以使用泛型类而已。

使用带泛型方法的方式与使用不带泛型方法的方式完全相同。

3. 带泛型的语句

常用带泛型的语句通常是对象声明语句。其具体格式如下：

类名<类型实参列表> 对象名=new 构造方法名<类型实参列表>([参数表]);

需要注意的是，在声明语句中的"类型实参列表"是指在程序中使用的对象采用的实际类型，在声明语句中，要用实际的数据类型替代泛型类中的类型形参。

在使用泛型的时候，我们还需要注意以下几点：

(1) 泛型的类型参数必须为类的引用，不能用基本类型(如 int，short，long，byte，float，double，char，boolean)。

(2) 泛型是类型的参数化，在使用时可以用作不同类型，但不同类型的泛型类实例是不兼容的。

(3) 泛型的类型参数可以有多个，也可以是一个。

(4) 泛型可以使用 extends，super，?(通配符)来对类型参数进行限定。

(5) 不能创建带泛型类型的数组。如语句

TwoGen<Integer, String> [] tArray=new TwoGen<Integer,String> [3];

是错误的。

(6) 不能实例化范型变量。

6.2.2 集合

在 Java 的 JFC 中，对常用的数据结构和算法做了一些规范和实现，形成一系列接口和类。这些抽象出来的数据结构和算法操作统称为 Java 的集合框架(Java Collection Framework，JCF)。集合框架全面支持泛型，这使程序员应用集合框架时更为方便。

Java 的集合框架主要由一组用来操作的接口和类组成，不同接口描述一组不同的数据结构。核心接口主要有 Collection、List、Set、Queue、Deque 和 Map。其继承关系如图 6.1 所示。

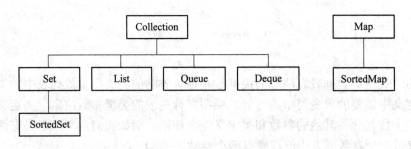

图 6.1 集合框架的核心接口关系

在集合框架中，初学者接触最多的就是表，它主要涉及到集合框架中的 List 接口和 ArrayList 类。

1. List 接口

List 用来描述数据结构中的表。List 表中允许有重复的元素，而且元素的位置是按照元素的添加顺序存放的。常用的 List 实现类有 ArrayList(数组列表)类和 LinkedList(链表)类。

其常用方法如表 6.1 所示。

表 6.1 List 的常用方法

返回值类型	方法名	说明
int	size()	获取 collection 中的元素数
void	add(int index, E element)	在列表的 index 位置插入指定元素 E
void	clear()	移除 list 中的所有元素
boolean	isEmpty()	判定 collection 是否为空,是则返回 true
boolean	addAll(int index, Collection<? extends E> c)	将集合 c 中所有元素插入到列表中的 index 起始位置
E	get(int index)	求列表中指定位置的元素
int	indexOf(Object o)	求列表中第一次出现元素 o 的索引;如果列表不包含该元素,则返回 −1
E	remove(int index)	移除列表中索引为 index 的元素
E	set(int index, E element)	用元素 E 替换列表中索引为 index 的元素
listIterator<E>	listIterator()	返回此列表元素的列表迭代器
listIterator<E>	listIterator(int index)	返回列表中从列表的 index 位置开始的列表迭代器
List<E>	subList(int fromIndex, int toIndex)	返回列表中从索引 fromIndex(包括)到 toIndex(不包括)之间的子列表

2. ArrayList

ArrayList 称为数组列表,它采用类似数组存储元素的形式存储元素,不过它不需要预先定义存储容量。我们可以把 ArrayList 看成一个可变长度的数组。每个 ArrayList 对象都有一个容量(capacity)。当元素添加到 ArrayList 时,它的容量会自动增加。在向一个 ArrayList 对象添加大量元素的程序中,可使用 ensureCapacity()方法增加 ArrayList 的容量。ArrayList 除了实现 List 接口的所有方法外还实现了一些特有的方法,如表 6.2 所示。

表 6.2 ArrayList 类的部分方法

方 法 名	说 明
ArrayList()	构造一个初始容量为 10 的空表
ArrayList(Collection<? extends E> c)	用集合 c 的元素构造列表
ArrayList(int n)	构造一个初始容量为 n 的空列表
trimToSize()	将列表的容量调整为列表的当前大小
ensureCapacity(int minCapacity)	修改列表的容量,使之可容纳 minCapacity 个元素

当然,ArrayList 类由于继承了 List 接口,所以 List 接口中的所有方法都适用于 ArrayList 类。

6.3 实 验 内 容

例 6.1 定义一个泛型类,实现数值型数据,字符串数据等不同种类型的数据的不同输出方法。

程序分析：要完成题目的要求，仅需定义一个泛型类，在泛型类中定义一个输出方法，在输出方法中根据泛型对象所代表的不同数据类型予以不同的输出操作即可。为了方便给泛型对象赋值与读取，可在泛型类中定义泛型对象的输入和输出方法。程序代码如下：

```java
/*定义泛型类 Gen*/
class Gen<T> {
    private T t;
    public void add(T t) {
        this.t = t;
    }
    public T get() {
        return t;
    }
    public void Print() { //根据泛型所代表的不同数据类型完成不同的输出
        if (t instanceof Integer) {
            System.out.printf("整型值为：" + t + '\n');
        } else if (t instanceof Float) {
            System.out.printf("单精度值为：" + t + '\n');
        } else if (t instanceof Double) {
            System.out.printf("双精度值为：" + t + '\n');
        } else if (t instanceof String) {
            System.out.printf("字符串值为：" + t + '\n');
        } else {
            System.out.printf("其他类型值为：" + t.toString() + '\n');
        }
    }
}
```

测试类 eg6_1 的代码。

```java
public class eg6_1 {
    public static void main(String[] args) {
        Gen<Integer> integerBox = new Gen<Integer>();
        Gen<String> stringBox = new Gen<String>();
        integerBox.add(new Integer(10));
        stringBox.add(new String("Java 泛型"));
        integerBox.Print();
        stringBox.Print();
    }
}
```

程序运行结果如下：

整型值为：10
字符串值为：Java 泛型

运行结果分析：
在泛型类中 Gen 中的输出方法 Print()，设计了一个选择结构，该选择结构首先判断泛型对象的原始数据类型是哪种，然后根据泛型对象 t 的原始数据类型选择不同的输出方式。

例 6.2 定义并使用带泛型的方法，完成多种数据类型数组的输出。

程序分析：由于不同种类的数据类型的输出方法基本相同，为了完成多种数据类型数组的输出，需要将输出的数据类型定义成为泛型。这样我们就需要写一个通过泛型对某种未知数据类型数组的输出方法，程序代码如下：

```java
public class eg6_2 {
    // 泛型方法 printArray
    public static <E> void printArray(E[] inputArray) {
        // 输出数组元素
        for (E element : inputArray) {
            System.out.printf("%s ", element);
        }
    }
    //用于测试的主方法
    public static void main(String args[]) {
        // 创建不同类型数组：Integer, Double 和 Character
        Integer[] intArray = { 1, 2, 3, 4, 5 };
        Double[] doubleArray = { 1.1, 2.2, 3.3, 4.4 };
        Character[] charArray = { 'H', 'E', 'L', 'L', 'O' };
        System.out.println("整型数组元素为:");
        printArray(intArray); // 传递一个整型数组
        System.out.println("\n 双精度型数组元素为:");
        printArray(doubleArray); // 传递一个双精度型数组
        System.out.println("\n 字符型数组元素为:");
        printArray(charArray); // 传递一个字符型数组
    }
}
```

程序运行结果如下：
整型数组元素为：
1 2 3 4 5
双精度型数组元素为：
1.1 2.2 3.3 4.4
字符型数组元素为：
H E L L O

运行结果分析:

程序中定义了一个数组的输出方法,为解决不同类型数据的输出,采用 For 循环遍历数组的格式。其基本格式为:

```
for (循环变量类型  循环变量名称 : 要被遍历的对象) {
    循环体语句;
}
```

此种 for 循环格式用于对数组的遍历。其基本功能是对要遍历的对象数组的所有元素分别执行循环体语句。printArray()方法中的 for 循环是为了把所有元素的值输出一下。

例 6.3 演示 ArrayList 常用方法的使用。

```java
import java.util.*;
public class eg6_3 {
    public static void main(String[] args) {
        ArrayList list = new ArrayList();
        //先向列表添加 1,2,3,4 四个元素
        list.add("1");          list.add("2");
        list.add("3");          list.add("4");
        list.add(0, "5");    // 将元素 5 添加到第 1 个位置
        System.out.println("第一个元素是: "+ list.get(0));    // 获取第 1 个元素
        list.remove("3");    // 删除 "3"
        // 获取 ArrayList 的大小
        System.out.println("数组列表长度=: "+ list.size());
        // 判断 list 中是否包含"3"
        System.out.println("数组是否包含 3: "+ list.contains(3));
        list.set(1, "10");    // 设置第 2 个元素为 10
        // 通过 Iterator 遍历 ArrayList
        for(Iterator iter = list.iterator(); iter.hasNext(); ) {
            System.out.println("下一个元素是: "+ iter.next());
        }
        // 将 ArrayList 转换为数组
        String[] arr = (String[])list.toArray(new String[0]);
        for (String str:arr)
            System.out.println("数组元素: "+ str);
        list.clear();    // 清空 ArrayList
        // 判断 ArrayList 是否为空
        System.out.println("列表空了吗?   "+ list.isEmpty());
    }
}
```

程序运行结果如下:

```
第一个元素是: 5
数组列表长度=: 4
数组是否包含3: false
下一个元素是: 5
下一个元素是: 10
下一个元素是: 2
下一个元素是: 4
数组元素: 5
数组元素: 10
数组元素: 2
数组元素: 4
列表空了吗? true
```

例6.4 编程保存并输出唐诗《静夜思》。

程序分析：为保存诗句内容需要使用字符串或字符串数组，但如果要保存的诗句条数未知，使用定长数组就不方便了，而使用数据列表则较方便。为此我们使用 ArrayList。程序代码如下：

```java
import java.util.*;
public class eg6_4 {
    public static void main(String[] args) {
        ArrayList <String> p=new ArrayList<String>();
        String w="李白";
        p.add("静夜思");
        p.add("床前明月光");
        p.add("疑是地上霜");
        p.add("举头邀明月");
        p.add("低头思故乡");
        p.add(1,"("+w+")");    //在第一个元素后插入一个元素
        for(int i=0;i<p.size();i++)
            System.out.println(p.get(i));
        /* for(Iterator iter = p.iterator(); iter.hasNext(); )
            System.out.println( iter.next());
        */
    }
}
```

程序运行结果如下：

```
静夜思
(李白)
床前明月光
疑是地上霜
举头邀明月
低头思故乡
```

程序说明：p 变量是一个使用泛型的 ArrayList 对象，其在程序中的数据类型为 String 型。输出语句 for(int i=0;i<p.size();i++) System.out.println(p.get(i));还可以换成语句 for(Iterator iter =p.iterator(); iter.hasNext();) System.out.println(iter.next());，其运行结果是相同的。

6.4 思考题与练习程序

（1）定义一个泛型类，类中定义三个带有泛型的方法。第一个方法可以完成整形、双精度和字符串类型数据的输入；第二个方法可以完成整形、双精度和字符串类型数据的输出；第三个方法可以完成整形、双精度和字符串类型数据的加法。

（2）请用泛型编写程序。首先定义一个接口，它至少包含一个可以计算面积的成员方法。然后编写实现该接口的两个类：正方形类和圆类。接着编写一个具有泛型特征的类，要求利用这个类可以输出某种图形的面积，而且这个类的类型变量所对应的实际类型可以是前面编写的正方形类和圆类，最后利用这个具有泛型特点的类分别输出给定边长和半径的正方形和圆的面积。

（3）用 ArrayList 类完成如下操作，首先随机向计算机输入若干个数据，程序具有数据回显功能，且会把用户指定特征的数据剔除掉并显示。例如：

输入数据序列为：1，2，4，0，7，0，0，8，4，10。

需要剔除的数据为 0。

则处理后输出：1，2，3，7，8，4，10。

（4）创建一个学生类，包括的成员变量有学生的姓名、性别、班级、数学成绩、语文成绩、英语成绩、总成绩。学生类的成员方法包括求总成绩。设计一个学生成绩管理类，类中可以输入、处理和输出多个学生的信息。

实验七 Java 异常处理

7.1 实验目的

(1.) 了解 Java 的异常处理机制；
(2) 掌握异常的捕获和处理方法；
(3) 掌握异常的抛出方法；
(4) 掌握异常类的编写和运用方法。

7.2 实验预习

在 JDK 中，java.lang.Throwable 类是异常处理机制中可被抛出并捕获的所有异常类的父类。它有三个主要子类，分别是 Error 类、Exception 类和 RuntimeException 类。

1. Error 类

Error 类包括的是一些严重的程序不能处理的系统错误类，如虚拟机错误、编译连接错误等。这类错误一般主要与硬件或系统软件相关而与程序无关，通常由系统进行处理，而程序本身不进行捕捉和处理。

2. Exception 类

为保证程序的健壮性，JDK 把异常的特征和一些通用的处理方法定义成了 Exception 类及其子类。当程序编译的过程中一旦检测出有可能发生的异常情况，Java 的编译系统会自动生成相应的异常类的实例对象，并要求应用程序来处理，如果应用程序中没有它们的处理程序，系统则编译失败并报告异常产生的信息。表 7.1 列出了我们常见的一些异常类的子类。

表 7.1 常见的 Exception 类的子类

子 类 名	说　明
AWTException	图形界面组件异常
ClassNotFoundException	指定类或接口不存在异常
DataFormatException	数据格式异常
FontFormatException	字体格式异常
IllegalAccessException	非法访问异常，如试图访问非公有方法
InstantiationException	实例化异常，如实例化抽象类

续表

子 类 名	说 明
InterruptedException	中断异常
IOException	输入输出异常
NoSuchFieldException	找不到指定的字段异常
NoSuchMethodException	找不到指定方法异常
PrintException	打印机错误报告异常
RuntimeException	运行时异常
SQLException	SQL 语句执行错误异常
TimeoutException	线程阻塞超时异常
TransformException	执行转换算法异常

3. RuntimeException 类

RuntimeException 用来描述程序运行过程中的一些常见异常，如数组越界、算数异常等。表 7.2 列出了常见的一些运行时异常类的子类。

表 7.2　常见的 RuntimeException 类的子类

子 类 名	说 明
ArithmeticException	除数为 0 异常
ArrayIndexOutOfBoundsException	访问数组下标越界异常
CalssCaseException	类强制转换异常
IllegealArgumentException	非法参数异常
IllegalStateException	非法或不适当的时间调用方法异常
IndexOutOfBoundsException	下标越界异常
MissingResourceException	找不到资源异常
NagativeArraySizeException	数组长度为负数异常
NullPointerException	空指针异常
NumberFormatException	数值格式异常
ArrayStoreException	由于数组空间不够引起的数组存储异常
EventException	事件异常，如果事件的类型不是在调用该方法之前通过初始化该事件指定的事件时抛出

7.2.1　处理异常

当执行程序中的方法发生异常时，Java 会根据异常的类型创建一个异常对象并交给运行时系统。异常对象中通常包含着关于错误的信息，包括错误的类型和错误发生时程序的状态信息。这种创建异常对象并将它交给运行时系统的过程称为抛出异常。

异常一旦被抛出，运行时系统会尝试寻找某些对这个异常进行处理的代码或方法。这些对异常处理的代码或方法通常被放在调用堆栈中，如果调用堆栈中有相应的处理方法，则系统把异常对象交给这些方法处理；如果调用堆栈中没找到相应的处理方法则系统程序将中断运行。

我们把选择合适的异常处理方法并将异常传递给它的过程称为异常的捕获，把执行异常处理程序的过程叫异常的处理。下面我们将分别介绍异常的抛出、捕获和处理的方法。

Java 对异常的默认处理方式表现为，一旦程序发生异常，程序就会终止运行并显示出异常的相关提示性信息，很明显这样的处理很不友好。在实际编程时，为了改善 Java 的默认异常处理，我们需要在程序中设置明显的语句来处理异常状况。这样既可以避免程序自动终止，还可以在异常处理程序中更正用户的输入错误。而这个用于处理异常的语句就是 try-catch-finally 语句。

try-catch-finally 语句的具体格式如下：

```
try{
    可能产生异常的语句；
}
catch(要捕获的异常类名  异常对象名){
    异常处理程序；
}
……
finally{
    一定会运行的程序；
}
```

当程序执行到 try 语句时自动完成如下的处理。

(1) try 程序块在运行产生异常时，程序运行中断，并抛出相应的异常对象。

(2) 抛出的异常对象如果属于 catch 括号中要捕获的异常类，则 catch 会捕获此异常，且为该异常创建一个引用名(就是 try 语句格式中的"异常对象名")，然后执行 catch 程序块中的异常处理程序。其中"……"表示可以有多个 catch 程序块，每个 catch 程序块捕获一种异常。

(3) 无论 try 程序块是否捕获到异常，或者捕获到的异常是否与 catch() 括号内的异常类型相同，最后一定会运行 finally 块里的程序代码。

(4) finally 块运行结束后，程序继续运行 try-catch-finally 块后面的代码。

7.2.2 抛出异常

在 Java 中，一旦软件运行过程出现异常，我们有三种方法来处理它。一种是在发生异常的同时，通过 try-catch-finally 语句直接处理，这种处理方法被称为程序内部处理；另一种是程序员不对方法程序中产生的异常编写处理程序，仅仅在可能出现异常的方法的方法声明部分添加一个抛出异常的关键字说明这些异常由系统来处理；还有一种是结合系统处理和程序员编程两种方式处理异常。

Java 主动抛出异常的保留字有两个：throws 和 throw。

1. throws 子句

要想把方法运行过程中的异常抛出给系统，需要在方法声明中添加 throws 子句。其方法声明的具体格式如下：

　　　　　访问权限修饰符　　返回值类型　　方法名(参数列表) throws　异常列表

在 throws 保留字中的异常列表是指如果要抛出多种异常时，可以把多个异常类的名称写成用","隔开的异常类名列表表示。在这里，凡是 throws 后面列出的异常类型，在该方法运行时一旦发生则系统自动忽略。

一般地，如果一个方法引发了一个异常，而它自己又不处理，就要由其调用方法进行处理。在子类中一个重写的方法可能只抛出父类中声明过的异常或其子类。如果一个方法有完全相同的名称和参数，它只能抛出父类中声明过的异常或者异常的子类。

2. 用 throw 保留字抛出异常

有时我们需要主动抛出异常对象。比如用户自定义的异常类，描述的特征是，当某种特定情况出现时，抛出该类的异常对象。由于这种特殊情况在 JDK 中是没有描述的，因此也无法自动检测和抛出该类的异常对象。这时就需要程序员编程实现异常对象的主动抛出。Java 为程序员提供的主动抛出异常对象的保留字是 throw。其语句格式是：

　　　　throw　异常对象；

由于我们在抛出异常时通常都不会关心异常对象的引用名称，所以语句中的异常对象通常会用"new 异常构造方法()"生成的匿名对象来替代，也就是说可以用如下语句抛出异常。

　　　　throw new　异常类构造方法()；

7.2.3　自定义异常

我们可以通过从 Exception 类或者它的子类派生一个子类作为我们自己的异常类。而在程序运行过程中发生了类似的问题时，程序员可以通过 throw 语句抛出自定义的异常类的实例，将其放到异常处理的队列中，并激活 Java 的异常处理机制。

7.3　实　验　内　容

例 7.1　异常的捕获示例，捕获空指针异常。

问题分析：当我们声明一个字符串对象时，如果不对其初始化，则该字符串对象没有指向任何一个实体的字符串，这时如果使用该字符串对象，系统则会报告字符串指针指向空异常(java.lang.NullPointerException)。为此我们针对会出现异常的语句设置异常捕获机制。程序代码如下：

```
public class eg7_1 {
    public static void main(String[] args) {
        String str = null;
        try {
            System.out.println(str.length());
        } catch (NullPointerException e) {
            System.out.println("此处报空指针异常");
```

                }
            }
        }
程序运行结果如下:
  此处报空指针异常

程序分析:我们通过 try-catch 语句捕获异常,在 catch 子句后编写异常处理程序,即输出异常说明语句。

例 7.2 多异常处理示例。程序功能是要求用户输入两个数,程序计算两个数的和。针对该问题会出现的异常情况编写异常处理程序。

问题分析:在 Java 程序中,有时一段代码在运行时可能会出现多种异常情况,此时可以在代码中的异常捕获语句中使用多个 catch 语句对不同的异常分别捕获。由于在程序中采用 List 对象来存储用户输入的数和输入数据的个数。并把用户输入的前两个数作为求和的被加数,第三个数作为 list 的长度。这样,当前两个输入的数据中有非数值数据时系统会出现 InputMismatchException 异常,当第三个数输入的值超出 2 时会出现下标越界 IndexOutOfBoundsException 异常。可见在同样的输入数据获取语句中会出现多种异常。类似此种情况我们可以采用如下的处理方式。程序代码如下:

```
import java.util.*;
public class eg7_2 {
    public static void main(String[] args) {
        System.out.println("请输入 2 个加数");
        double result;
        List<Double> nums = new ArrayList<>();
        Scanner scan = new Scanner(System.in);
        int i = 3;
        try {
            int num1 = scan.nextInt();
            int num2 = scan.nextInt();
            nums.add(new Double(num1));
            nums.add(new Double(num2));
            i = scan.nextInt();
            result = nums.get(0)+nums.get(i);
            System.out.println("结果:" + result);
        } catch (InputMismatchException immExp) {
            System.out.println("输入的参数过少");
        } catch (IndexOutOfBoundsException e) {
            System.out.println("error input!");
        } finally {
            scan.close();
        }
```

        }
    }
运行结果如下：

正确输入的结果：	输入非数值错误的结果：	输入数据个数错误的结果：
请输入2个加数	请输入2个加数	请输入2个加数
1	1	1
3	one	2
1	输入的参数过少	3
结果:4.0		error input!

运行结果分析：

当输入非数值时，系统会自动抛出 InputMismatchException 异常对象 immExp，并进入相应的处理程序，输出提示性信息"输入的参数过少"。当第三个数输入错误时会使程序抛出 IndexOutOfBoundsException 的对象 e，并输出提示性信息"error input!"。

例 7.3 编写一个除法计算器，要求用户输入被除数和除数，程序给出商。要求程序健壮。

问题分析：因为除法计算要求 0 不能被作为除数，可是使用程序的人不一定会意识到输入除数时不能输入 0，因此要针对用户输入的除数为 0 时的情况加以处理，为此需对于除法计算部分的程序进行异常处理。程序代码如下：

```java
import java.util.Scanner;
public class eg7_3 {
    public static void main(String[] args) {
        System.out.println("----欢迎使用命令行除法计算器----");
        Eg7_3 eg = new eg7_3();
        eg.CMDCalculate();
    }
    public void CMDCalculate() {
        Scanner scan = new Scanner(System.in);
        int num1 = scan.nextInt();
        int num2 = scan.nextInt();
        int result = devide(num1, num2);
        System.out.println("result:" + result);
        scan.close();
    }
    public int devide(int num1, int num2) {
        int a = 0;
        try {
            a = num1 / num2;
        } catch (ArithmeticException e) {
            System.out.println("第二个输入的数不能为 0");
```

```
        } finally {
            return a;
        }
    }
}
```

例 7.4 主动抛出异常并处理。要求用户可输入月份，如果用户输入无效月份则抛出异常。

问题分析：编程时，程序通常会要求用户输入一些符合相关条件的数据，否则会视用户输入的数据为异常数据，面对这类异常数据时，我们通常可以采用 throw 语句主动抛出异常来处理。本例中要求输入月份，故输入的数据应该在 1~12 之间，否则为异常数据。程序代码如下：

```
import java.util.Scanner;
public class skt3 {
    public static void main(String[] args) {
        Scanner sc=new Scanner(System.in);
        try{
            int month=sc.nextInt();
            if (month<0||month>12){
                throw new ArithmeticException("没有"+month+"月份");
            }
            System.out.println("您输入的月份为"+month+"月份");
        }catch(ArithmeticException e){
            System.out.println("捕获 ArithmeticException 异常");
            System.out.println(e.getMessage());
        }
    }
}
```

输入正确月份的结果：   输入错误月份的结果：

8   13
您输入的月份为8月份   捕获ArithmeticException异常
                                    没有13月份

运行结果分析：

当用户输入 1~12 之外的数时(比如输入 13)，系统会在执行 if (month<0||month>12)语句时通过 throw 语句抛出 ArithmeticException 类异常对象，并被相应的 catch 语句捕获到，进而执行相应的处理语句输出"捕获 ArithmeticException 异常"，由于用户输出的异常对象 e 在构造时设定了异常的值为"没有 13 月份"，所以在异常处理的第 2 个语句输出"没有 13 月份"。

例 7.5 自定义异常类并使用，要求用户创建一个工资类，用以描述员工的工资，同时在用户输入每个员工工资时对一些不合事实的输入数据进行处理，例如工资不能为负等。

问题分析：为了对工资输入的数据进行校验和处理，这种问题 JDK 中没有相应的异常类，因此需要我们设计了一个专门针对非正常工资校验并处理的异常类，然后在主程序中针对出现此类错误输入抛出异常并处理。程序代码如下：

```java
public class eg7_5 {
    public static void main(String[] args) {
        try {
            Salary s1 = new Salary("zhangsan", 1000);
            s1.print();
            Salary s2 = new Salary("lisi", -10);
            s2.print();
        } catch (MinusException e) {
            System.out.println("异常： " + e.getMessage());
        }
    }
}
/*自定义异常类 MinusException*/
class MinusException extends Exception {
    int number;
    public MinusException(String msg, int i) {
        super(msg);
        this.number = i;
    }
}
/*工资类 Salary*/
class Salary {
    private String name;
    private int salary;
    public Salary(String n, int s) throws MinusException {
        this.name = n;
        if (s < 0)
            throw new MinusException("工资不能为负", s);
        this.salary = s;
    }
    public void print() {
        System.out.println(name + "的工资为" + salary);
    }
}
```

程序运行结果如下：

```
zhangsan的工资为1000
异常：工资不能为负
```

运行结果分析：

当用户输入正确的工资时会正常执行，如结果中的第一行，如果输入的结果为不合理的值如-10 时，系统会通过 Salary 的构造方法中的 throw 语句抛出自定义的异常 MinusException，但该异常在 Salary 类中并不处理(其原因是由于构造方法中的 throws 子句)，仅仅会把异常传递给它的主调方法。在 eg7_5 类的主方法中，通过 try-catch 语句捕获该异常并处理。

7.4 思考题与练习程序

(1) 编写一个程序，输入 10 个数作为学生成绩，需对成绩进行有效性判断，若成绩有误则通过异常处理显示错误信息，并将成绩按从高到低排序输出。提示：如果输入数据不为整数则要捕获 Interger.parseInt()产生的异常，显示"请输入成绩"，捕获输入参数不足 10 个的异常，显示"输入至少 10 个成绩"。

(2) 编写一个 bank 类，要求如下：
① 变量 balance 为存款余额；
② deposite()方法为存款操作；
③ withdrawa()方法为取款操作；
④ getbalawal()方法为获取余额操作。

当银行余额少于取款额时，显示当前余额，并告知不能取款的提示，否则显示取款成功信息。要求自定义异常来处理余额不足的问题。

(3) 编写一个测试用户输入是否是一年中的 12 个月的程序。要求用户输入月份值，如果月份值在 1～12 之间，则正常输出用户输入的月份，否则抛出 ArithmeticExceptoion 异常。并输出：

"捕获 ArithmeticException 异常"。

(4) 编写一个根据给定的边的长度判定三个边是否能够组成三角形的程序。为使程序更健壮，要求程序对用户输入的异常数据进行捕获和处理。(提示：如果输入的数据为负数或 0 时则抛出异常，并提示"请输入正数"，编写无法构成三角形的异常类 noTriangleException，并在用户输入的三边无法构成三角形时抛出该异常并处理)

实验八　GUI 程序设计基础

8.1　实验目的

(1) 了解 Java 图形界面程序设计的过程；
(2) 了解不同布局管理器在 GUI 中的用法；
(3) 了解 GUI 程序的事件处理机制；
(4) 掌握事件监听器接口和事件适配器类的使用；
(5) 掌握流式布局、边界布局和网格布局管理器的使用；
(6) 掌握容器组件的使用。

8.2　实验预习

8.2.1　图形界面的组成

图形用户界面程序在窗口中通过各种图形界面组件为用户提供操作程序的手段。用户通过鼠标或键盘点选相应的组件来完成用户需要完成的功能。

Java 的组件可以根据是否具有容纳其他组件的能力把组件分为容器组件和控制组件两类。例如标签、按钮、文本框等都是控制组件，窗口、对话框和面板都属于容器组件。

Java 的 GUI 界面是分层布置的，如图 8.1 所示。图形界面的应用程序中，最下层的容器组件当然是窗口(也称为窗口框架，Frame)。在窗口上可以直接放置组件。就如同把窗口比作一个桌子的桌面，组件就是可以随便摆在桌面上的各种器物一样。窗口上面还可以先放置一个或几个容器组件(通常是面板，Panel)，然后再把组件分别放置在容器组件上。就好像在桌面上先铺一层桌布，然后再在桌布上放置物品一样。Java 规定通常情况下在容器组件中可以放置控制组件也可以放置其他容器组件。这就是说，可以通过在容器组件中放置容器组件的方法实现在窗口中划分不同的区域，并在每个不同的区域放置各种组件。

因为 Java 最初的设计是针对跨平台的，而且不同的软件平台对图形界面的实现方法不同，所以 Java 通常不采用绝对坐标定位组件的位置。为了方便组件在容器中定位，Java 提出了布局管理器的概念，通过布局管理器管理容器中的组件在容器中的位置。

实验八　GUI 程序设计基础

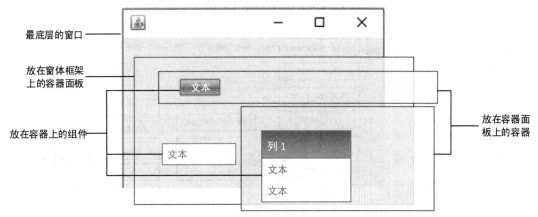

图 8.1　图形界面布局结构

8.2.2　与 GUI 相关的包和类

Java 语言为 GUI 程序的开发提供了两套基本类库，它们是抽象窗口工具箱(Abstract Window Toolkit，AWT)和 Swing 组件库。

如图 8.2 所示，给出了 AWT 中各个主要类之间的关系。

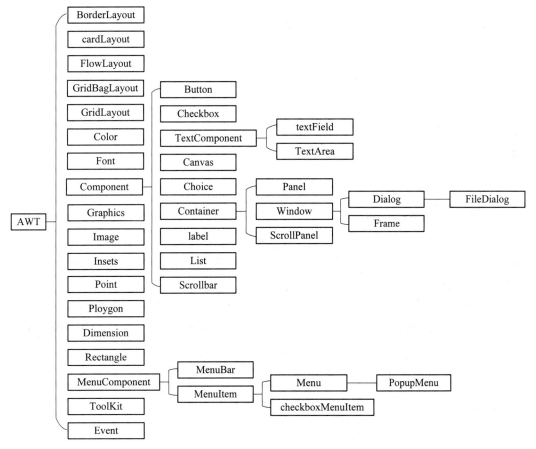

图 8.2　AWT 中类的关系

图 8.3 给出了 Swing 组件的类层次结构。

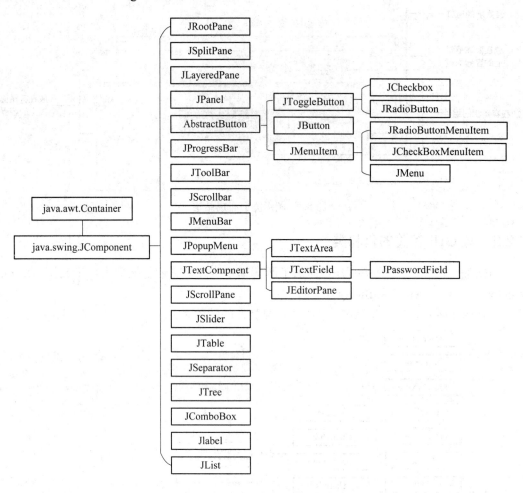

图 8.3　Swing 中主要类的继承关系

8.2.3　布局管理器

为了 GUI 的美观,需要在设计界面时考虑界面中各种组件在容器中的位置和相互关系。JDK 为程序员提供了布局管理器类,用于解决组件的位置和布局的问题。Java 设置组件布局的方法是通过为容器设置布局管理器来实现的。

在 java.awt 包中,定义了五种基本的布局管理器类,每个布局管理器类对应一种布局策略。它们分别是 FlowLayout、Border Layout、CardLayout、GridLayout 和 GridBagLayout。

程序员通过设置布局管理器来确定放在容器上的组件的位置。

当用户不设定布局管理器(布局管理器设为 null)时,Java 认为用户需要把组件放到绝对坐标指定的位置,这时 GUI 将和平台相关,我们也称这种做法为绝对位置布局。但由于其与平台相关,所以不推荐大家使用。

1. 流式布局(FlowLayout)

流式布局对应于 java.awt.FlowLayout 类。它是 Panel 类、JPanel 类、Applet 类和它们的

子类的默认布局管理器。流式布局使组件按照加入顺序排成一行，排满后自动换行排列。

使用 FlowLayout 的容器，只需使用容器的 add()方法加入组件即可。这些组件将按顺序排列在容器中。

对一个原本不使用流式布局管理器的容器，若需要将其布局策略改变为流式布局策略，可以使用 setLayout()方法为其指定流式布局管理器。其调用格式如下：

    容器对象.setLayout(new FlowLayout());

setLayout()方法的参数要求是一个 FlowLayout 类的对象，它可以是匿名对象，也可以提前创建一个 FlowLayout 对象，然后把创建好的 FlowLayout 对象引用作为 setLayout()方法的参数。

2. 边界布局(BorderLayout)

边界布局对应于 java.awt.BorderLayout 类，它是 Window、Frame 和 Dialog 类的默认布局管理器。把容器划分为东、西、南、北、中五个区域，加入组件时指定其所在区域。其中分布在南北部的组件将占据容器的全部宽度，东部、中部、西部的组件占据南北组件剩下的空间，且默认组件间的空隙为 0。

向具有边界布局的容器中加入一个组件时，需要在 add() 方法中指明组件需要加入的区域。其语句格式为

    容器对象.add(组件对象，位置常量);

其中，位置常量可以使用：

方位	位置常量
东	BorderLayout.EAST
南	BorderLayout.SOUTH
西	BorderLayout.WEST
北	BorderLayout.NORTH
中	BorderLayout.CENTER

3. 卡式布局(CardLayout)

卡式布局对应 java.awt.CardLayout 类。它把各个组件层叠安排，使某一时刻只显示一个组件。使用卡式布局的方法和步骤如下：

(1) 利用 CardLayout 类的构造方法创建 CardLayout 对象作为布局管理器。语句为：

    CardLayout myLayout=new CardLayout();

(2) 使用容器的 setLayout()方法为容器设置布局管理器。语句为：

    容器对象.setLayout(myLayout);

(3) 使用 Add(字符串，组件)方法将该容器的每个组件添加到容器，同时为每个组件分配一个字符串的名字，以便布局管理器根据这个名字调用显示这个组件。

(4) 使用 show(容器名，字符串)方法可以按第 3 步分配的字符串名字显示相应的组件；也可按组件加入容器的顺序显示组件。

CardLayout 布局管理器常用的方法如表 8.1 所示。

表 8.1 CardLayout 的常用方法

返回值	方 法 名	说 明
void	addLayoutComponent(Component comp, Object constraints)	将组件添加到卡片布局的内部名称表。constraints 指组件的引用名称
void	first(Container parent)	翻转到容器的第一张卡片
void	next(Container parent)	翻转到容器的下一张卡片
void	previous(Container parent)	翻转到容器的前一张卡片
void	last(Container parent)	翻转到容器的最后一张卡片
void	show(Container parent, String name)	翻转到指定 name 的组件。如果组件不存在，则不发生任何操作

在这些方法中参数 parent 是指要在其中进行布局的父容器。卡片布局管理器会把容器中的卡片组成一个环，如果当前的可见卡片是最后一个，那它的下一张卡片就是第一张卡片。同样地，如果当前的可见卡片是第一个，它的上一张卡片就是最后一张卡片。

4．网格布局(GridLayout)

Java 通过 GridLayout 类实现网格布局管理器。网格布局的策略是把容器的空间划分成若干行和列组成的网格，组件放在网格中的每个小格中。使用网格布局管理器的一般步骤如下：

(1) 创建 GridLayout 对象作为布局管理器。指定划分网格的行数和列数，并使用容器的 setLayout()方法为容器设置这个布局管理器——setLayout(new GridLayout(行数，列数))；

(2) 调用容器的方法 add()将组件加入容器。组件填入容器的顺序将按照第一行第一个、第一行第二个、……、第一行最后一个，第二行第一个、……、最后一行最后一个的顺序进行。每个网格中必须填入一个组件，如果希望某个网格为空白，可以为它加入一个空的标签，例如 add(new Label())。

8.2.4 事件处理机制

Java 的 GUI 程序通过事件处理机制来获取用户对程序的操作，也通过事件处理机制对用户的操作产生响应。

事件处理机制的核心内容是，采用事件监听的方式来执行事件的处理，对可能发生事件的对象设置事件监听器，针对特定的事件进行监听，一旦在指定的对象上发生了特定的事件，则系统会通过预先设定的事件监听器检测到，同时执行事件监听器中预先定义的事件处理方法。对于没有设置事件监听的 Java 程序对事件是没有相应的处理的。

针对此种事件处理机制的事件处理程序有一些特定的模式。这些模式主要有三种：
(1) 主类本身就是事件监听器。
(2) 通过匿名类来实现事件监听器。
(3) 以单独的类或内部类实现事件监听器类。

1．常用事件

事件(event)是指用户使用鼠标或键盘对窗口中的组件进行交互操作或者系统状态改变

时所发生的事情，如单击按钮、在文本框中输入文字或双击鼠标等。在 Java 中，事件是通过类来描述，并通过事件类的实例对象来表示的。

JDK 中预定义的事件有很多，表 8.2 列出了 GUI 中常用的事件。

表 8.2 常用事件列表

事 件	事件类名	说 明
组件动作事件	ActionEvent	当用户对组件进行操作时触发该事件
调整滚动条事件	AdjustmentEvent	各种滚动条调整时触发该事件
改变容器内容事件	ContainerEvent	容器内容因为添加或移除组件而更改时触发该事件
组件更改事件	ComponentEvent	组件被移动、大小被更改或可见性被更改时触发该事件
事件源状态改变事件	ChangeEvent	通知感兴趣的参与者事件源中的状态已发生更改
焦点变化事件	FocusEvent	当组件获得或失去焦点时触发该事件
条目变化事件	ItemEvent	在列表框或组合框中，某行被选定或取消选定时触发该事件
击键事件	KeyEvent	当按下、释放某个键时触发该事件
列表项选择事件	ListSelectionEvent	用户选择列表中的条目时触发该事件
鼠标操作事件	MouseEvent	当鼠标按下、放开、单击、双击、右击、拖拽、移动等操作时触发该事件
菜单操作事件	MenuEvent	当用户操作菜单时触发该事件
弹出式菜单操作事件	PopupMenuEvent	当用户操作弹出式菜单时触发该事件
文本变化事件	TextEvent	当文本改变时触发该事件
窗口变化事件	WindowEvent	当打开、关闭、激活、停用、最小化或取消图标化窗口时，或者焦点转移到或移出窗口时触发此事件

2. 事件监听器接口

一旦事件发生，Java 会通过预定义的事件监听器对象监听、捕获，并调用相应的接口方法对发生事件做出相应的处理。Java 在事件监听器接口中声明了一系列抽象方法用于描述对事件的处理。

Java 语言规定：创建监听器对象的类必须实现相应的事件接口。也就是说，要在类中定义相应接口的所有抽象方法的方法体。表 8.3 列出了常见事件的监听器接口和处理方法。

表 8.3 事件的监听器接口和处理方法

事件类	监听器接口	事件处理接口的方法
ActionEvent	ActionListener	actionPerformed(ActionEvent e)
AdjustmentEvent	AdjustmentListener	adjustmentValueChanged(AdjustmentEvent e)
ContainerEvent	ContainerListener	componentAdded(ContainerEvent e)
		componentRemoved(ContainerEvent e)
ChangeEvent	ChangeListener	stateChanged(ChangeEvent e)
TextEvent	TextListener	textValueChanged(TextEvent e)
ItemEvent	ItemListener	itemStateChanged(ItemEvent e)
ListSelectionEvent	ListSelectionListener	valueChanged(ListSelectionEvent e)

续表

事件类	监听器接口	事件处理接口的方法
ComponentEvent	ComponentListener	componentMoved(ComponentEvent e)
		componentHidden(ComponentEvent e)
		componentResized(ComponentEvent e)
		componentShown(ComponentEvent e)
FocusEvent	FocusListener	focusGained(FocusEvent e)
		focusLost(FocusEvent e)
KeyEvent	KeyListener	keyPressed(KeyEvent e)
		keyReleased(KeyEvent e)
		keyTyped(KeyEvent e)
MenuEvent	MenuListener	menuCanceled(MenuEvent e)
		menuDeselected(MenuEvent e)
		menuSelected(MenuEvent e)
MouseEvent	MouseMotionListener	mouseDragged (MouseEvent e)
		mouseMoved (MouseEvent e)
	MouseListener	mousePressed(MouseEvent e)
		mouseReleased(MouseEvent e)
		mouseEntered(MouseEvent e)
		mouseExited(MouseEvent e)
		mouseClicked(MouseEvent e)
WindowEvent	WindowListener	windowClosing(WindowEvent e)
		windowOpened(WindowEvent e)
		windowIconified(WindowEvent e)
		windowDeiconified(WindowEvent e)
		windowClosed(WindowEvent e)
		windowActivated(WindowEvent e)
		windowDeactivated(WindowEvent e)

3. 事件适配器

为了方便编程，Java 为某些包含多个抽象方法的监听器接口提供了事件适配器类，这些事件适配器类实现了对应的相关事件监听器接口，这样我们在编写事件监听器程序时只需继承相应的事件适配器类，并在子类中重写并覆盖我们需要的处理方法，而不必一一实现接口中其他无关的方法。

常用的事件适配器类如表 8.4 所示。

实验八 GUI 程序设计基础

表 8.4 事件与适配器类

事件类	事件处理接口	适配器类
ActionEvent	ActionListener	无
AdjustmentEvent	AdjustmentListener	无
ComponentEvent	ComponentListener	ComponentAdapter
ContainerEvent	ContainerListener	ContainerAdapter
ItemEvent	ItemListener	无
KeyEvent	KeyListener	KeyAdapter
MouseEvent	MouseListener	MouseAdapter
MouseEvent	MouseMotionListener	MouseMotionAdapter
TextEvent	TextListener	无
WindowEvent	WindowListener	WindowAdapter

8.2.5 GUI 容器的使用

组件是构成 GUI 界面的基本元素，有些组件是可见的，如按钮、标签、文本框等，还有些组件是不可见的，如面板、容器等。通过使用容器组件和布局管理器，可以设计出比较复杂的窗口。本节将为大家介绍 Java 中容器的使用方法。

1. GUI 中组件的组织方式

Java 的 GUI 界面是分层组织的，就好像一个桌面上面可以铺上一层桌布，而桌布上又可以放置若干个不同形状的容器，容器里还可以有其他的容器或物品一样。

程序设计时，组件的组织是从底层开始的。最底层的组件必须是容器，这些容器称为顶层容器，容器中组件之间的关系构成树形结构，每个组件都是树的一个节点，顶层容器就是树根。所有叶节点都是一个个独立的组件个体，当然也可以是容器。树的分支必定是容器。

Swing 中共有 4 种顶层容器组件，分别为 JFrame、JApplet、JDialog 和 JWindow。

(1) JFrame 被称为框架组件，它是一个带有标题行和控制按钮的独立窗口，一般用来创建视窗类的应用程序。它的标题为 String 类型，窗口大小可以改变，默认窗口大小为 0，且不可见。

(2) JApplet 是用来创建小应用程序的容器，它能在浏览器窗口中运行。

(3) JDialog 是对话框组建，用来创建通常意义的对话框。

(4) JWindow 是不带有标题行和控制按钮的窗口，通常很少使用。

Swing 的顶层容器是不能直接添加组件的。每个顶层容器都有一个内容面板(Content Pane)，除菜单以外的组件都需要放到内容面板中才能被顶层容器接受并显示。在 JDK 中内容面板对应 Container 类，创建顶层容器后，可以通过 ContentPane()方法获得顶层容器的内容面板。

除了顶层容器以外，常见的容器组件还有 Panel，JPanel 等。它们可以放在顶层容器中，通过设置不同的布局管理器来达到不同组件的显示效果。

2. 容器类的常用方法

我们使用容器时常用的操作主要包括设置容器的状态和对容器中组件的操作两种。

1) 设置容器的状态

容器在使用时通常都需要设置其默认的状态和属性。这些属性主要包括容器的大小、是否可见、布局如何、背景等，顶层容器还会涉及到设置容器的标题，图标背景颜色和背景图片等属性。设置容器状态的方法如表 8.5 所示。

表 8.5 设置容器状态的常用方法

方法名	说 明
setLayout(LayoutManager mgr)	为容器设置布局管理器
setIconImage(Image image)	设置作为窗口图标显示的图像，用于顶层容器
setTitle(String title)	设置容器的标题，仅用于顶层容器
setSize(int width,int height)	设置容器大小，用于 Window 类及其子类
setVisible(boolean b)	设置容器是否可见，用于 Window 类及其子类
paint(Graphics g)	绘制容器画面，可通过重载该方法来完成设置
repaint()	刷新容器

2) 对容器中组件的操作

容器是用来放置组件的，因此容器中和组件相关的操作主要有，向容器中加组件的 add() 方法、设置组件在容器中顺序的 setComponentZOrder() 方法、从容器中获得组件的 getComponent() 方法和从容器中删除组件的 remove() 方法等。由于容器的种类和布局策略不同，导致每种操作都有多个参数不同的同名方法，有兴趣的读者可以查阅 JDK 提供的相关容器类的 API 帮助文档，这里不再详述。

8.3 实 验 内 容

例 8.1 流式布局管理器的使用举例。设计一个给小学生出四则算术题的应用程序界面。要求界面中能自动出题，并允许用户给出题目答案，并在用户确认答案后显示正确答案。

问题分析：依据题意，应该有一个按钮用于出题，一个按钮用于确认答案，有一个文本框用于显示运算符，一个标签用于显示等号，三个文本框分别用于显示运算式的两个加数和接受用户输入的运行结果。程序代码如下：

```
import java.awt.*;
import javax.swing.*;
public class eg8_1 extends JFrame{
    private JTextField txt1,txt2,txt3;
    private JLabel lbl1,lbl2,lbl3;
    private JButton but1,but2;
    public eg8_1(){
```

```
            Container c=this.getContentPane();
            c.setLayout(new FlowLayout());
            txt1=new JTextField(5);
            txt2=new JTextField(5);
            txt3=new JTextField(5);
            lbl1=new JLabel("+");
            lbl2=new JLabel("=");
            lbl3=new JLabel("请回答");
            but1=new JButton("出题");
            but2=new JButton("确认答案");
            c.add(but1);        c.add(txt1);
            c.add(lbl1);        c.add(txt2);
            c.add(lbl2);        c.add(txt3);
            c.add(but2);        c.add(lbl3);
            this.setTitle("四则运算测试界面");
            this.setSize(500, 100);
            this.setVisible(true);
        }
        public static void main(String[] args) {
            eg8_1 eg=new eg8_1();
        }
    }
```

运行结果如图 8.4 所示。

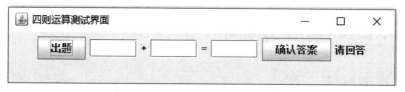

图 8.4 运行结果

例 8.2 多布局管理器共同使用举例。把上例中的功能采用边界布局和流式布局结合起来使用就会更加美观。我们可以把"出题"按钮放在上面,"确认答案"按钮放在下面,用于显示题目的标签和文本框作为中间部分,用于显示正确结果的"请回答"标签放在右边。据此我们可以把代码修改成如下形式。

```
        import java.awt.*;
        import javax.swing.*;
        public class eg8_2 extends JFrame{
            private JTextField txt1,txt2,txt3;
            private JLabel lbl1,lbl2,lbl3;
            private JButton but1,but2;
```

```java
public eg8_2(){
    Container c=this.getContentPane();
    c.setLayout(new BorderLayout());
    txt1=new JTextField(5);
    txt2=new JTextField(5);
    txt3=new JTextField(5);
    lbl1=new JLabel("+");
    lbl2=new JLabel("=");
    lbl3=new JLabel("请回答");
    but1=new JButton("出题");
    but2=new JButton("确认答案");
    c.add(but1,BorderLayout.NORTH);
    c.add(but2,BorderLayout.SOUTH);
    c.add(lbl3,BorderLayout.EAST);
    JPanel p=new JPanel();
    p.setLayout(new FlowLayout());
    p.add(txt1);        p.add(lbl1);        p.add(txt2);
    p.add(lbl2);        p.add(txt3);
    p.setSize(300, 50);
    c.add(p, BorderLayout.CENTER);
    this.setTitle("四则运算测试界面");
    this.setSize(500, 150);
    this.setVisible(true);
}
public static void main(String[] args) {
    eg8_2 eg=new eg8_2();
}
}
```

运行结果如图 8.5 所示。

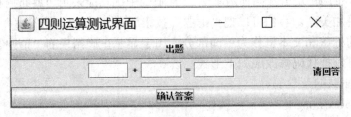

图 8.5 运行结果

程序代码分析：

在实际 GUI 界面的设计中，很少只用一种布局管理器，因此，我们应该熟悉各种布局管理器和容器组件之间的嵌套使用方法。

例 8.3 网格布局管理器的使用。把例 8.2 的功能用网格布局管理器布局并改写。程序代码如下。

```java
import java.awt.*;
import javax.swing.*;
public class eg8_3 extends JFrame{
    private JTextField txt1,txt2,txt3;
    private JLabel lbl1,lbl2,lbl3,lblt;
    private JButton but1,but2;
    public eg8_3(){
        Container c=this.getContentPane();
        c.setLayout(new GridLayout(3,3));
        txt1=new JTextField(5);
        txt2=new JTextField(5);
        txt3=new JTextField(5);
        lbl1=new JLabel("+");
        lbl2=new JLabel("=");
        lbl3=new JLabel("请回答");
        but1=new JButton("出题");
        but2=new JButton("确认答案");
        c.add(but1);     c.add(but2);     c.add(lbl3);
        c.add(txt1);     c.add(lbl1);     c.add(txt2);
        c.add(lbl2);     c.add(txt3);
        this.setTitle("四则运算测试界面");
        this.setSize(500, 100);
        this.setVisible(true);
    }
    public static void main(String[] args) {
        eg8_3 eg=new eg8_3();
    }
}
```

运行结果如图 8.6 所示。

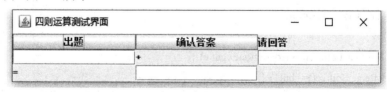

图 8.6 运行结果

由于网格布局要求所有组件的网格大小都相同，因此适合有规律的组件排列。

例 8.4 对例 8.1 的四则运算测试题编写相应的事件处理程序。

题目分析：对于四则运算题，通常用户会点击"出题"按钮以形成四则运算题，在书写答案后单击"确认答案"按钮来确认结果是否正确，所以我们确定事件源为"出题"按钮和"确认答案"按钮，而事件为按钮的单击事件，所以我们确定继承 ActionListen 接口，并实现其抽象方法。代码如下：

```java
import java.awt.*;
import java.awt.event.*;
import javax.swing.*;
public class eg8_4 extends JFrame implements ActionListener{
    private JTextField txt1,txt2,txt3;
    private JLabel lbl1,lbl2,lbl3;
    private JButton but1,but2;
    int a,b,c=0,c1;
    public eg8_4(){
        Container c=this.getContentPane();
        c.setLayout(new FlowLayout());
        txt1=new JTextField(5);
        txt2=new JTextField(5);
        txt3=new JTextField(5);
        lbl1=new JLabel("+");
        lbl2=new JLabel("=");
        lbl3=new JLabel("请回答");
        but1=new JButton("出题");
        but2=new JButton("确认答案");
        c.add(but1);      c.add(txt1);
        c.add(lbl1);      c.add(txt2);
        c.add(lbl2);      c.add(txt3);
        c.add(but2);      c.add(lbl3);
        but1.addActionListener(this);     //为出题按钮加监听
        but2.addActionListener(this);     //为确认答案按钮加监听
        this.setTitle("四则运算测试界面");
        this.setSize(500, 100);
        this.setVisible(true);
    }
    public void actionPerformed(ActionEvent e) {
        if(e.getSource()==but1) {
            a=(int)Math.round(Math.random()*100)+1;
            b=(int)Math.round(Math.random()*100)+1;
            c=a+b;
            txt1.setText(String.valueOf(a));
```

```
                txt2.setText(String.valueOf(b));
            }else if(e.getSource()==but2) {
                c1=Integer.parseInt(txt3.getText());
                if(c1==c) {
                    lbl3.setText("恭喜你，答对了！");
                }else {
                    lbl3.setText("答错了，正确答案是"+c);
                }
            }
        }
        public static void main(String[] args) {
            eg8_4 eg=new eg8_4();
        }
    }
```

运行结果如图 8.7 所示。

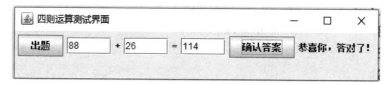

图 8.7 运行结果

运行结果分析：由于采用"主类本身就是事件监听器"的方法，则需注意类必须继承相应的事件监听器接口，同时，必须在类中实现被继承事件监听器接口中的所有抽象方法。

例 8.5 对例 8.1 的四则运算测试题编写相应的事件处理程序。通过匿名类来编写事件处理方法，完成加法运算。

题目分析：匿名类通常写在方法的形式参数创建位置，也就是说写在事件监听器对象的创建语句中。代码如下：

```java
import java.awt.*;
import java.awt.event.*;
import javax.swing.*;
public class eg8_5 {
    private JFrame frame = new JFrame("加法计算");
    private JTextField txt1, txt2, txt3;
    private JLabel lbl1, lbl2, lbl3;
    private JButton but1, but2;
    int a, b, c0 = 0, c1;
    public eg8_5() {
        Container c = frame.getContentPane();
        c.setLayout(new FlowLayout());
```

```java
        txt1 = new JTextField(5);
        txt2 = new JTextField(5);
        txt3 = new JTextField(5);
        lbl1 = new JLabel("+");
        lbl2 = new JLabel("=");
        lbl3 = new JLabel("请回答");
        but1 = new JButton("出题");
        but2 = new JButton("确认答案");
        c.add(but1);     c.add(txt1);     c.add(lbl1);
        c.add(txt2);     c.add(lbl2);     c.add(txt3);
        c.add(but2);     c.add(lbl3);
            public void actionPerformed(ActionEvent e) {
                a = (int) Math.round(Math.random() * 100) + 1;
                b = (int) Math.round(Math.random() * 100) + 1;
                c0 = a + b;
                txt1.setText(String.valueOf(a));
                txt2.setText(String.valueOf(b));
            }
        });
        but2.addActionListener(new ActionListener() {//匿名类的定义
            public void actionPerformed(ActionEvent e) {
                c1 = Integer.parseInt(txt3.getText());
                if (c1 == c0) {
                    lbl3.setText("恭喜你,答对了! ");
                } else {
                    lbl3.setText("答错了,正确答案是" + c0);
                }
            }
        });
        frame.setTitle("四则运算测试界面");
        frame.setSize(500, 100);
        frame.setVisible(true);
    }
    public static void main(String[] args) {
        eg8_5 eg = new eg8_5();
    }
}
```

程序运行结果如图 8.8 所示。

图 8.8 运行结果

运行结果分析：运行结果和上例相同，但处理方法写在匿名类中使程序结构更直观。由此可见，当事件监听器接口的事件处理方法不多时，用匿名类来完成事件的处理更方便。

例 8.6 通过内部类实现例 8.1 所提的问题。

问题分析：要使用事件监听器接口，必须继承它形成事件监听器类，然后才能实例化，在一个 GUI 界面类中的事件处理算法通常是不具备通用性的。因此单独为事件处理创建独立的公有类意义不大，可是有时事件监听接口中需要实现的抽象方法太多，不方便书写匿名类。在这种情况下也可以在描述 GUI 界面的类中单独定义用作事件监听器的内部类来解决事件处理的问题。程序代码如下：

```
import java.awt.*;
import java.awt.event.*;
import javax.swing.*;
public class eg8_6 {
    private JFrame frame = new JFrame("加法计算");
    private JTextField txt1, txt2, txt3;
    private JLabel lbl1, lbl2, lbl3;
    private JButton but1, but2;
    int a, b, c0 = 0, c1;
    public eg8_6() {
        Container c = frame.getContentPane();
        c.setLayout(new FlowLayout());
        txt1 = new JTextField(5);
        txt2 = new JTextField(5);
        txt3 = new JTextField(5);
        lbl1 = new JLabel("+");
        lbl2 = new JLabel("=");
        lbl3 = new JLabel("请回答");
        but1 = new JButton("出题");
        but2 = new JButton("确认答案");
        c.add(but1);     c.add(txt1);
        c.add(lbl1);     c.add(txt2);
        c.add(lbl2);     c.add(txt3);
        c.add(but2);     c.add(lbl3);
        myListener ml = new myListener(); //创建事件监听器对象
```

```
            but1.addActionListener(ml);
            but2.addActionListener(ml);
            frame.setTitle("加法运算测试界面");
            frame.setSize(500, 100);
            frame.setVisible(true);
        }
        /*定义内部事件监听器类 myListener */
        class myListener implements ActionListener {
            public void actionPerformed(ActionEvent e) {
                if (e.getSource() == but1) {
                    a = (int) Math.round(Math.random() * 100) + 1;
                    b = (int) Math.round(Math.random() * 100) + 1;
                    c0 = a + b;
                    txt1.setText(String.valueOf(a));
                    txt2.setText(String.valueOf(b));
                } else if (e.getSource() == but2) {
                    c1 = Integer.parseInt(txt3.getText());
                    if (c1 == c0) {
                        lbl3.setText("恭喜你，答对了！ ");
                    } else {
                        lbl3.setText("答错了，正确答案是" + c0);
                    }
                }
            }
        }
        public static void main(String[] args) {
            eg8_6 eg = new eg8_6();
        }
    }
```

程序运行结果同上例。

使用内部类来描述事件监听器可以方便地调用类中组建的属性和方法。相对于匿名类和外部定义事件监听器类的情形，其程序结构更清晰、易读。

例 8.7 容器的使用和 GUI 组件的组织举例。编程完成如图 8.9 所示的 GUI 界面并编写相应的事件处理程序。

问题分析：为实现上面的界面，我们可以把界面分成三层，最底层是窗口即 Frame 框架，使用网格布局管理器，设为 1 列 3 行。然后在每个网格单元中放

图 8.9　GUI 界面

置中间层面板 JPanel，中间层面板使用流式布局。最后在面板上放置组件。由于事件处理涉及到多个组件，因此采用内部类方式来处理。程序代码如下：

```
import java.awt.*;
import java.awt.event.*;
import javax.swing.*;
import javax.swing.border.*;
public class eg8_7{
    JFrame frame = new JFrame ("容器控件的使用" );
    JCheckBox cb1 = new JCheckBox("JCheckBox 1");
    JCheckBox cb2 = new JCheckBox("JCheckBox 2");
    JCheckBox cb3 = new JCheckBox("JCheckBox 3");
    JRadioButton rb4 = new JRadioButton("JRadioButton 4");
    JRadioButton rb5 = new JRadioButton("JRadioButton 5");
    JRadioButton rb6 = new JRadioButton("JRadioButton 6");
    JTextArea ta = new JTextArea(); //用于显示结果的文本区
    eg8_7()  {
        JPanel p1 = new JPanel();
        JPanel p4 = new JPanel();
        JPanel p5 = new JPanel();
        JPanel pa = new JPanel();
        p1.add(cb1);         p1.add(cb2);          p1.add(cb3);
        Border etched = BorderFactory.createEtchedBorder();
        Border border = BorderFactory.createTitledBorder(etched, "JCheckBox");
        p1.setBorder(border);  //设置边框
        p4.add(rb4);         p4.add(rb5);          p4.add(rb6);
        border = BorderFactory.createTitledBorder(etched, "JRadioButton Group" );
        p4.setBorder(border);  //设置边框
        //创建 ButtonGroup 按钮组，并在组中添加按钮
        ButtonGroup group2 = new ButtonGroup();
        group2.add(rb4);       group2.add(rb5);       group2.add(rb6);
        JScrollPane jp = new JScrollPane(ta);
        p5.setLayout(new BorderLayout());
        p5.add(jp);
        border = BorderFactory.createTitledBorder(etched, "Results");
        p5.setBorder(border);  //设置边框
        myListener al = new myListener();
        cb1.addItemListener(al);
        cb2.addItemListener(al);
        cb3.addItemListener(al);
```

```java
                rb4.addActionListener(al);
                rb5.addActionListener(al);
                rb6.addActionListener(al);
                pa.setLayout(new GridLayout(0,1));
                pa.add(p1);
                pa.add(p4);
                Container cp = frame.getContentPane();
                cp.setLayout(new GridLayout(0,1));
                cp.add(pa);
                cp.add(p5);
                frame.setDefaultCloseOperation(JFrame.EXIT_ON_CLOSE);
                frame.pack();
                frame.setVisible(true);
        }
        class myListener implements ActionListener,ItemListener {
                public void actionPerformed(ActionEvent e){
                        JRadioButton rb = (JRadioButton) e.getSource();    //取得事件源
                        if (rb == rb4){
                                ta.append("\n You selected Radio Button 4 "+ rb4.isSelected());
                        } else if (rb == rb5)
                        {       ta.append("\n You selected Radio Button 5 "+ rb5.isSelected());
                        } else
                        {       ta.append("\n You selected Radio Button 6 "+ rb6.isSelected());
                        }
                }
                public void itemStateChanged(ItemEvent e) {
                        JCheckBox cb = (JCheckBox) e.getSource();   //取得事件源
                        if (cb == cb1){
                                ta.append("\n JCheckBox Button 1 "+ cb1.isSelected());
                        } else if (cb == cb2){
                                ta.append("\n JCheckBox Button 2 "+ cb2.isSelected());
                        } else if (cb == cb3){
                                ta.append("\n JCheckBox Button 3 "+ cb3.isSelected());
                        }
                }
        }
        public static void main(String args[])    {
                eg8_7 ts = new eg8_7();
        }
```

}

运行后单击 JCheckBox1、JCheckBox2 和 JRandioButton6 按钮，其运行结果如图 8.10 所示。

图 8.10　运行结果

运行结果分析：

由于 JCheckBox1、JCheckBox2 和 JCheckBox3 没有放在 ButtonGroup 中，因此它们互相没有关系，可以实现多选操作；JRandioButton4、JRandioButton5 和 JRandioButton6 放在了 ButtonGroup 中形成组件组，这样就可以实现单选操作了。

8.4　思考题与练习程序

(1) 编写一个求阶乘的程序。要求使用 GUI 界面，用户通过 JTextField 输入阶乘相数 n，通过单击 JButton 按钮求出阶乘结果并显示在标签 JLabel1 中。

(2) 编写一个简易计算器界面。

(3) 设计一个学生信息的输入界面和输出界面。在输入界面中要求通过 JTextField 组件输入学生的学号、姓名、年龄、性别、班级、学院等信息。在输出界面中，要求通过 JLabel 组件输出学生信息。

实验九 GUI 组件

9.1 实验目的

(1) 熟悉使用 Jlabel、JTextField 和 JButton 组件；
(2) 熟悉 JtoggleButton、JCheckBox 和 JRadioButton 组件的使用；
(3) 了解 JtextArea、JcomboBox、JList 的使用；
(4) 了解菜单的设计和使用；
(5) 了解对话框的设计和使用；
(6) 了解 Graphics 类的使用。

9.2 实验预习

GUI 图形界面是由组件组成的，每个组件都有一些和用户交互的特殊功能，反映到程序中就是若干方法和成员变量的设置和读取。常用的组件有标签、文本框、按钮、单选按钮、复选框、文本区和列表等，另外 GUI 界面还会涉及到菜单和工具栏的设计。

9.2.1 常用控制组件

1. 标签(JLabel)

标签用来显示提示性信息，对应 JDK 中的 javax.swing.JLabel 类，其主要构造方法有以下两个：

JLabel()：创建一个空标签。
JLabel(String text)：创建一个内容为 text 的标签。
对标签的操作通常是对标签的形态和文字显示形式进行设置，常用的方法有如下几个：
setAlignment(int alignment)：设置标签中文字的对齐方式，仅用于 Label。
setText(String text)：返回该标签所显示的文本字符串。
setIcon(Icon icon)：定义此组件将要显示的图标，仅用于 JLable。
setFont(Font f)：设置标签的字体。
setBackground(Color c)：设置标签的背景。
在标签中有时需要设置标签的字体、字号或颜色，就会涉及到字体类 Font 和颜色类 Color。Font 类是 java.awt 包中的一个用于描述文字的字体字号等文字显示形式的类。Font

类的实例可以通过如下的构造方法生成。

    Font(String name, int style, int size)

其中，参数 name 表示字体的名称，如"宋体"。参数 style 表示字体的显示形式，它可以取下面几个常量之一。

  (1) Font.BOLD：表示字体加粗。
  (2) Font.ITALIC：表示字体倾斜。
  (3) Font.PLAIN：表示正常字体，也是 Font 字体的默认值。

  参数 size 表示字体的大小，其值的单位为磅，并且要求为正整数，size 值越大表示字体越大。

  设置标签的背景颜色可以通过 setBackground()方法完成，其中参数 c 是 Color 类的对象。Color 类也是 AWT 包中的一个类，它用于描述颜色。Color 对象可以通过如下构造方法生成。

    Color(int r, int g, int b)

其中的 r、g、b 分别代表红色、绿色和蓝色的浓度，它们的取值范围为 0~255。

2. 文本框和文本区(JTextField 和 JTextArea)

  文本框和文本区都适用于获取用户输入文字的组件，所不同的是 JTextField 仅能输入和输出单行文字，JTextArea 可输入或输出多行文字。

  文本框的主要构造方法主要有：

JTextField()：构造空文本框。

JTextField(int columns)：构造具有指定列数的新空文本框。

JTextField(String text)：构造使用指定文本初始化的新文本框。

  文本区的构造方法和文本框的构造方法基本相同，仅需把 JTextField 换成 JTextArea 即可，另外文本区还有一个常用的构造方法是：

JTextArea(String text, int rows, int columns)：构造一个具有指定的行数、列数和指定文本的文本区。

  由于文本框和文本区的主要功能是提供用户与程序之间的交互，所以常用的方法都是涉及文字读写的一些方法，常用的方法如下：

getColumns()：返回此 JTextField 或 JTextArea 中的列数。

setColumns(int columns)：设置此 JTextField 或 JTextArea 中的列数。

setText(String t)：设置 t 的值为指定文本。

getText()：返回文本框或文本区中的文本。

此外对于文本区(JTextArea)还有一些和文本区大小的设置方法，如：

getColumns()：返回文本区的列数。

setColumns(int columns)：设置文本区的列数。

getRows()：返回文本区的行数。

setRows(int rows)：设置文本区的行数。

append(String str)： 将给定文本字符串 str 的值追加到文档结尾。

3. 按钮(JButton)

按钮是用户操作程序和触发鼠标单击事件的重要组件,是最常用的事件源。其主要构造方法如下:

JButton():创建一个没有标题的按钮。
JButton(String text):创建一个内容为 text 的按钮。
JButton(Icon icon):创建一个带图标的按钮,图标由 icon 指定。
JButton(String text, Icon icon):创建一个能够显示 text 和图标 icon 的按钮。

常用的方法如下:

getLabe ():获取按钮上显示的文字。
setLabel():设置按钮上显示的文字。
addActionListener(ActionListener l):为按钮注册 ActionListener 类监听器 l。

4. 列表框(JList)和组合框(JComboBox)

列表框和组合框都能向用户提供多条信息,并允许用户从多条信息中选择其中的一条或几条信息。所不同的是,列表框会同时显示多条信息,组合框则默认仅显示一条信息。

列表框的构造方法主要有:

JList():创建空列表。
JList(int rows):创建指定可视行数为 rows 行的列表。
JList(int rows, boolean multipleMode):创建指定可视行数为 rows 行的列表,并通过参数 multipleMode 指定用户是否可以选择列表框中的多项。

组合框的构造方法有:

JComboBox():创建具有默认数据模型的 JComboBox。
JComboBox(Object[] items):创建包含指定数组 items 中的元素的 JComboBox。

列表框常用的成员方法如下:

getModel():求保存 JList 组件显示的项列表的 ListModel。
getSelectedIndex():获取列表中选中项的索引。
getSelectedIndices():返回所选的全部索引的数组(按升序排列)。
getSelectedValue():只选择了列表中单个项时,返回所选值。
setSelectedIndex(int index):选择指定索引 index 单个选项。
setSelectedIndices(int[] indices):将选择更改为给定数组所指定的索引的集合。
getSelectedValues():返回所有选择值的 Object 类型的数组,并根据列表中的索引顺序按升序排序。
isSelectedIndex(int index):判定指定 index 的项是否被选中,如果选择了指定的索引,则返回 true;否则返回 false。
isSelectionEmpty():判断用户是否选择了选项,是则返回 true;否则返回 false。

组合框常用的方法如下:

addItem(Object anObject):为组合框添加项 anObject。
removeItem(Object anObject):从项列表中移除项 anObject。
removeItemAt(int anIndex):移除 anIndex 处的项。

removeAllItems()：从列表中移除所有项。
getItemAt(int index)：获取 index 索引处的列表项。
getItemCount()：获取列表中的项数。
getSelectedIndex()：求列表中与给定项匹配的第一个选项。
getSelectedItem()：返回当前的所选项。
getSelectedObjects()：返回包含所选项的 Object[]数组。
setSelectedIndex(int anIndex)：选择索引 anIndex 处的项。
setSelectedItem(Object anObject)：将选中的选项保存为 anObject 对象。
insertItemAt(Object anObject, int index)：在组合框中的给定索引处插入项。
addActionListener(ActionListener l)：添加 ActionListener 事件监听器对象。
addItemListener(ItemListener aListener)：添加 ItemListener 事件监听器对象。
在列表框和组合框中显示的内容可以看成一个字符数组，列表框和组合框中的每一行显示字符数组的一个元素，这样列表框和组合框中的第一行显示的就是字符数组中的第 0 个元素。因此它们的索引值是从 0 开始的。

5. 单选按钮(JRadioButton)和复选框(JCheckBox)

单选按钮和复选框都可让用户完成单选和多选操作，所不同的是这两个组件的形态而已。单选按钮和复选框通常都是成组出现的，单选按钮在和 ButtonGroup 对象配合使用时可以实现单选功能。其使用方法是创建一个 ButtonGroup 对象并用其 add 方法将单选按钮和复选框对象包含在其中。复选框和 CheckboxGroup 配合使用可以实现复选框的单选操作，方法和单选按钮类似。

单选按钮的构造方法主要有：
JRadioButton()：创建一个未选择的空单选按钮。
JRadioButton(String text)：创建一个具有文本为 text 的未选择的单选按钮。
JRadioButton(String text, boolean selected)：创建一个具有文本为 text 和选择状态为 selected 的单选按钮。
复选框的常用构造方法与单选按钮基本相同，只是将方法名改为 JCheckBox 即可。
单选按钮和复选框常用的成员方法有：
setSelected(boolean b)：设置单选按钮或复选框的选择状态为 b，选中为 true，未选中为 false。
isSelected()：获取单选按钮或复选框的选择状态，返回值为 boolean 类型。
setText(String text)：设置单选按钮和复选框的说明文字为 text 的值。
getText()：获取单选按钮或复选框的说明文字。
无论是单选按钮还是复选框，都针对 ItemListener 事件监听器产生响应。

9.2.2 菜单与工具栏

菜单与其他的组件不同，它无法添加到容器的某一位置，也无法使用布局管理器对其加以控制。菜单只能添加到"菜单容器"(MenuBar)中。菜单分为下拉式菜单(Pulldown)和弹出式菜单(Popup)两种。

1. 下拉菜单

下拉菜单类有关的类有菜单栏(JMenuBar)类、菜单(JMenu)类和菜单项(JMenuItem)类。与 JMenuBar 相关的方法如下：

JMenuBar()：创建一个 Swing 菜单栏。
add(Menu m)：将菜单 m 添加到菜单栏中。
getMenu(int i)：获取指定的索引为 i 的菜单。
getMenuCount()：获取该菜单栏上的菜单数。
remove(int index)：从菜单栏移除指定索引处的菜单。
remove(MenuComponent m)：从此菜单栏移除指定的菜单组件。

与 JMenu 相关的方法如下：

JMenu(String label)：构造具有指定标签的菜单。
JMenu (String label, boolean tearOff)：构造具有指定标签的菜单，并通过参数 tearOff 指示菜单是否可以分离。
add(MenuItem mi)：将菜单项 mi 添加到菜单中。
add(String label)：将带有指定标签的项添加到此菜单。
getItem(int index)：获取指定的索引为 index 的菜单项。
insert(MenuItem menuitem, int index)：将菜单项插入到菜单的指定位置。
insert(String label, int index)：将菜单项插入到菜单的指定位置。
addSeparator()：将一个分隔线加到菜单的当前位置。
insertSeparator(int index)：在指定的位置插入分隔符。
remove(int index)：从菜单栏移除指定索引处的菜单。
remove(MenuComponent m)：从此菜单栏移除指定的菜单组件。

JMenuItem 是菜单的叶子结点，通常被添加到菜单中，每个菜单项都可以为其注册 ActionListener，使其完成相应的操作。与 JMenuItem 相关的方法如下：

JMenuItem()：构造具有空标签且没有键盘快捷方式的菜单项。
JMenuItem(String label)：构造带指定标签为 label 的值，且没有键盘快捷方式的菜单项。
JMenuItem(Icon icon)：创建带有指定图标 icon 的菜单项。
JMenuItem(String text, Icon icon)：创建带有指定文本 text 的值和图标 icon 的菜单项。
addActionListener(ActionListener l)：为菜单项注册动作监听器 l。
getLabel()：获取菜单项的标签，仅 MenuItem 可用。
setLabel(String label)：设置菜单项的标签，仅 MenuItem 可用。
isEnabled()：判断菜单项是否有效。
setEnabled(boolean b)：设置菜单项是否有效。
setAccelerator(KeyStroke keyStroke)：设置快捷键。
setMnemonic(int mnemonic)：设置热键。

2. 弹出式菜单

Swing 包中的 JPopupMenu 类实现了弹出式菜单的定义。与弹出式菜单相关的方法如下：

JPopupMenu()：创建具有空名称的弹出式菜单。

JPopupMenu(String label)：创建具有指定名称的新弹出式菜单。

show(Component origin, int x, int y)：在相对于初始组件的 x、y 位置上显示弹出式菜单。

getParent()：返回此菜单组件的父容器。

pack()：使弹出式菜单使用显示其内容所需的最小空间。

setLocation(int x, int y)：使用 X、Y 坐标设置弹出菜单的位置。

setPopupSize(int width, int height)：将弹出窗口的大小设置为指定的宽度和高度。

编写具有弹出式菜单的程序，通常需要完成如下几个步骤：

(1) 创建一个弹出式菜单；

(2) 在 actionPerformed()中为弹出式菜单的所有菜单项编写相应的事件处理程序；

(3) 为每个菜单项注册事件监听器；

(4) 为需要具有弹出式菜单的组件注册 MouseListener 监听器，并在 MouseListener 监听器的 mouseReleased()方法中调用弹出式菜单对象的 Show()方法用以显示弹出式菜单。

3. 工具栏

工具栏中通常是一些带有图标的按钮，当然也可以是其他 GUI 组件，例如组合框等。工具栏通常被置于布局为 BoderLayout 的容器中，而且工具栏在运行时可被拖动到所在容器的其他边界，甚至脱离它所在的容器。Java 通过 Swing 包中的 JToolBar 类实现工具栏的功能。

与 JToolBar 类相关的方法如下：

JToolBar() ：创建空工具栏。

JToolBar(int orientation)：创建具有指定位置的工具栏，位置参数 orientation 可以取 HORIZONTAL (水平)或 VERTICAL(垂直)。

add(Action a)：添加一个指派动作的 JButton。

addSeparator()：将默认大小的分隔符添加到工具栏的末尾。

addSeparator(Dimension size)：将指定大小的分隔符添加到工具栏的末尾。

getComponentIndex(Component c)：返回指定组件的索引。

getComponentAtIndex(int i)：返回指定索引位置的组件。

getOrientation()：返回工具栏的当前方向。

setOrientation(int o)：设置工具栏的方向。

isFloatable()：获取工具栏是否移动的属性。

setFloatable(boolean b)：设置工具栏移动属性，可移动为 true。

setEnabled(Boolean b)：设置工具栏是否可用。

在绘制出工具栏后，只需对工具栏中的组件连接相应的事件监听器即可。

9.2.3 对话框

Java 中的对话框分为标准对话框和自定义对话框两种，自定义对话框(JDialog)类似于窗体组件。其编程方法与窗体的编程方法基本相同。

标准对话框可分为消息框、输入框、确认对话框和选项对话框等几类，它们通过 JOptionPane 类的相关方法来设计和显示。

与 JOptionPane 类相关的标准对话框方法如下：

显示消息框：showMessageDialog()

显示输入框：showInputDialog()

显示确认框：showConfirmDialog()

显示内部选项框：showInternalOptionDialog()

显示选项框：showOptionDialog()

这些方法都具有若干参数，用以确定对话框的形状和特性，而方法的返回值则体现用户的选择。这些标准对话框的方法参数可以通过参看课本或 JDK 帮助来获得。

9.2.4 图形与图像

Java 常用的绘图方法都封装在 Graphics 类中，Graphics 类是 AWT 包中的一个抽象类，它提供了几何形状、坐标转换、颜色管理和文本布局等功能，在 Graphics 类中包括了绘制直线、矩形、多边形、圆和椭圆等图形的方法。这些方法所绘制的图形都以图形的外接矩形的左上角作为图形绘制的基准点。

与 Graphics 类相关的成员方法如下：

1. 清除指定的矩形区域

方法格式：

  clearRect(int x, int y, int width, int height)

说明：清除左上角坐标为(x,y)且宽为 width 和高为 height 的矩形。

2. 复制矩形区域

方法格式：

  copyArea(int x, int y, int width, int height, int dx, int dy)

说明：将左上角坐标为(x,y)宽为 width 高为 height 的矩形复制到(dx, dy)位置。

3. 绘制立体矩形框

方法格式：

  draw3DRect(int x, int y, int width, int height,boolean raised)

说明：绘制基准点在(x,y)且宽为 width 高为 height 的立体矩形框，如果 raised=true 则绘制凸起效果的矩形框，否则绘制凹陷效果的矩形框。

4. 绘制圆弧

方法格式：

  drawArc(int x, int y, int width, int height, int startAngle, int arcAngle)

说明：在基准点(x,y)绘制一个宽为 width，高为 height，开始角度为 startAngle，终止角度为 arcAngle 的圆弧。

5. 画线段

方法格式：

drawLine(int x1, int y1, int x2, int y2)

说明：在点 (x1, y1) 和 (x2, y2) 之间画线段。

6. 画椭圆框

方法格式：

drawOval(int x, int y, int width, int height)

说明：以(x,y)为基准点，绘制宽为 width，高为 height 的椭圆。

7. 画闭合多边形

方法格式：

drawPolygon(int[] xPoints, int[] yPoints, int nPoints)

说明：绘制一个由 x 和 y 坐标数组定义的闭合多边形。参数 nPoints 是多边形的顶点数。

8. 画折线

方法格式：

drawPolyline(int[] xPoints, int[] yPoints, int nPoints)

说明：绘制一个由 x 和 y 坐标数组定义的折线。参数 nPoints 是折线的顶点数。

9. 画矩形框

方法格式：

drawRect(int x, int y, int width, int height)

说明：在基准点(x,y)绘制宽为 width 高为 height 的矩形。

10. 画圆角矩形框

方法格式：

drawRoundRect(int x, int y, int width, int height, int arcWidth, int arcHeight)

说明：以(x,y)点为基准点绘制宽为 width 高为 height 的圆角矩形，圆角宽为 arcWidth，高为 arcHeight。

11. 绘制立体实心矩形

方法格式：

fill3DRect(int x, int y, int width, int height, boolean raised)

说明：以(x,y)点为基准点绘制宽为 width 高为 height 的立体实心矩形，如果 raised=true 则绘制凸起效果的矩形，否则绘制凹陷效果的矩形。

12. 绘制扇形

方法格式：

fillArc(int x, int y, int width, int height, int startAngle, int arcAngle)

说明：以(x,y)点为基准点绘制宽为 width 高为 height，起始角度为 startAngle，终止角度为 arcAngle 的扇形。

13. 绘制实心椭圆

方法格式：

fillOval(int x, int y, int width, int height)

说明：以(x,y)点为基准点绘制宽为 width，高为 height 的实心椭圆。

14. 绘制实心闭合多边形

方法格式：

fillPolygon(int[] xPoints, int[] yPoints, int nPoints)

说明：绘制由 x 和 y 坐标数组定义的实心闭合多边形。

15. 绘制实心矩形

方法格式：

fillRect(int x, int y, int width, int height)

说明：以(x,y)点为基准点绘制宽为 width，高为 height 的实心矩形。

16. 绘制实心圆角矩形

fillRoundRect(int x, int y, int width, int height, int arcWidth, int arcHeight)

说明：以(x,y)点为基准点绘制宽为 width，高为 height，圆角宽为 arcWidth，高为 arcHeight 的实心圆角矩形。

9.3 实验内容

例 9.1 编写一个密码验证程序，默认账号为"张三"，密码为"123456"。

问题分析：根据题意，需要绘制一个包含标签、文本框和按钮的窗体。用户在表示账户的文本框中输入账号，在密码文本框中输入密码。在单击 ok 按钮时，如果输入正确，窗口标题栏显示"账号密码正确"字样，否则在标题栏输出"账号密码错误，请更正！"字样。在单击 Cancle 按钮时，清空文本框内容。这就需要分别对两个按钮的 ActionListener 编写事件处理程序。程序代码如下：

```java
import java.awt.BorderLayout;
import java.awt.Container;
import java.awt.event.*;
import javax.swing.*;
public class eg9_1 extends JFrame implements ActionListener {
JLabel lbl1, lbl2;
JButton ok, cancle;
JTextField txt1;
TextField txt2;
    public static void main(String[] args) {
        eg9_1 eg = new eg9_1();
    }
    public eg9_1() {
        lbl1 = new JLabel("账号:");
        lbl2 = new JLabel("密码:");
```

```
            ok = new JButton("OK");
            cancle = new JButton("Cancle");
            txt1 = new JTextField(11);
            txt2 = new TextField(15);
            txt2.setEchoChar('*');
            JPanel p1 = new JPanel();
            JPanel p2 = new JPanel();
            JPanel p3 = new JPanel();
            Container cpan = this.getContentPane();
            cpan.setLayout(new BorderLayout());
            p1.add(lbl1);
            p1.add(txt1);
            p2.add(lbl2);
            p2.add(txt2);
            p3.add(ok);
            p3.add(cancle);
            cpan.add("North", p1);
            cpan.add("Center", p2);
            cpan.add("South", p3);
            ok.addActionListener(this);
            cancle.addActionListener(this);
            txt1.addActionListener(this);
            txt2.addActionListener(this);
            this.setSize(300, 200);
            this.setVisible(true);
    }
    public void actionPerformed(ActionEvent e) {
            if (e.getSource() == ok) {           //判定账号密码是否正确
             if (txt1.getText().trim().equals("张三") &&
                        txt2.getText().trim().equals("123456")) {
                    this.setTitle("账号密码正确");
                } else {
                    this.setTitle("账号密码错误,请更正!");
                }
            }
            if (e.getSource() == cancle) {        //清空文本框
                txt1.setText(null);
                txt2.setText(null);
            }
```

```
            if (e.getSource() == txt1) {
                txt2.requestFocus();            //把焦点设置在 txt2 上
            }
            if (e.getSource() == txt2) {
                ok.requestFocus();              //把焦点设置在 ok 上
            }
        }
    }
```
程序的运行结果如图 9.1 所示。

图 9.1 运行结果

程序代码分析：在事件处理程序中通过 getSource()方法获取事件源，以区分用户对哪个按钮进行操作。同时为了密码不被泄露，我们利用文本框的 setEchoChar('*')方法设置文本框的屏蔽字符。

例 9.2 编程实现一个具有复制粘贴功能的文本区。

```java
import java.awt.*;
import java.awt.event.*;
import javax.swing.*;
public class eg9_2 extends JFrame implements ActionListener {
    JButton copy, paste;
    JTextArea txta;
    JScrollPane scoll;
    String temp = new String();
    public eg9_2() {
        txta = new JTextArea(null, 5, 20);
        scoll=new JScrollPane(txta);
        scoll.setHorizontalScrollBarPolicy(JScrollPane.HORIZONTAL_SCROLLBAR_AS_NEEDED);
        scoll.setVerticalScrollBarPolicy(JScrollPane.VERTICAL_SCROLLBAR_AS_NEEDED);
        copy = new JButton("复制");
        paste = new JButton("粘贴");
        JPanel p = new JPanel();
        p.setSize(300, 100);
        p.add(copy);
```

```
                p.add(paste);
                Container cpan = this.getContentPane();
                cpan.setLayout(new BorderLayout());
                cpan.add("North", scoll);
                cpan.add("Center", p);
                copy.addActionListener(this);
                paste.addActionListener(this);
                this.setSize(300, 160);
                this.setVisible(true);
        }
        public static void main(String[] args) {
                eg9_2 eg = new eg9_2();
        }
        public void actionPerformed(ActionEvent e) {
                if (e.getSource() == copy) {
                        temp = txta.getSelectedText();    //获取用户选择的文本
                }
                if (e.getSource() == paste) {    //在光标位置粘贴已复制的文本
                        txta.insert(temp, txta.getCaretPosition());
                }
        }
}
```

运行程序，当选中文本框的中的文字后，选择"复制"按钮，然后把光标移到粘贴的位置，再单击"粘贴"按钮，程序就会把选中的文字复制到光标所在位置。程序的运行结果如图 9.2 所示。

图 9.2　运行结果

程序代码分析：

在编写多行文本区程序中如果需要为文本区加滚动条，则需要先把文本区对象通过 add() 方法放到滚动条容器 JScrollPane 类的对象中，然后通过对象的 setHorizontalScrollBarPolicy()方法和 setVerticalScrollBarPolicy()方法设置 JScrollPane 类对象的水平和垂直滚动条状态，最后把 JScrollPane 类的对象加入到窗体中即可。

例 9.3　列表框举例，编写一个窗体，包含两个列表框和三个按钮，当用户选择第一个列表框中的一条内容时，单击第一个按钮，该条信息会追加到第二个列表框中，当用户选择第一个列表框中的多条内容时，单击第二个按钮，被选中的多条信息会追加到第二个列表框中，当选中第二个列表框中的任何一个条目时，单击第三个按钮，该条目会被删除。

题目分析：为更好地熟悉列表框的使用，窗体中的第一个列表框采用 AWT 包中的 List 类，第二个列表框采用 Swing 包中的 JList。第一个按钮标题采用 ">"，第二个按钮标题采用 ">>"，第三个按钮标题采用 "del"，并分别针对三个按钮的 ActionListener 编程。程序代码如下：

```java
import java.awt.*;
import java.awt.List;
import java.awt.event.*;
import javax.swing.*;
public class eg9_3 extends JFrame implements ActionListener {
    List lst;
    JList jlst;
    JButton btn1, btn2, btn3;
    public eg9_3() {
        setTitle("列表框示例");
        String[] str = { "第 1 行", "第 2 行", "第 3 行", "第 4 行" };
        lst = new List(5);
        jlst = new JList(str);
        btn1 = new JButton(">");
        btn2 = new JButton(">>");
        btn3 = new JButton("Del");
        Container cpan = getContentPane();
        JPanel pan = new JPanel();
        JPanel panl = new JPanel();
        JPanel panr = new JPanel();
        pan.add(btn1);
        pan.add(btn2);
        pan.add(btn3);
        pan.setSize(10, 200);
        panl.add(jlst);
        panl.setSize(100, 200);
        panr.add(lst);
        panr.setSize(100, 200);
        cpan.setLayout(new BorderLayout());
        cpan.add("West", panl);
        cpan.add("Center", pan);
        cpan.add("East", panr);
```

```
            btn1.addActionListener(this);
            btn2.addActionListener(this);
            btn3.addActionListener(this);
            setSize(400, 200);
            setVisible(true);
        }
        public static void main(String[] args) {
            eg9_3 eg = new eg9_3();
        }
        public void actionPerformed(ActionEvent e) {
            String temp;
            java.util.List temps;
            if (e.getSource() == btn1) {
                temp = (String) jlst.getSelectedValue();    //获得用户选中的选项
                lst.add(temp);
            } else if (e.getSource() == btn2) {
                temps = jlst.getSelectedValuesList();       //获得用户选中的多个选项
                for (int i = 0; i < temps.size(); i++) {
                    lst.add((String) temps.get(i));
                }
            } else if (e.getSource() == btn3) {
                lst.remove(lst.getSelectedIndex());         //删除用户选中的选项
            }
        }
    }
```

程序运行结果如图 9.3 所示。

图 9.3 运行结果

运行结果分析：

temp = (String) jlst.getSelectedValue()语句实现了获取用户选中的一个选项的功能，由于 getSelectedValue()方法返回的是 Object 类型的对象，所以需要通过强制转换为字符型，才可以加入到 List 列表 lst 中。temps = jlst.getSelectedValuesList()语句实现了获取用户选中的多个选项的功能，并把多个选项作为一个 List 列表保存在 java.util.List 类的对象 temps 中，由于 temps 是一个表,所以需用循环语句实现取出 temps 中的每一个元素并追加到列表框 lst 中。

例 9.4 编写一个窗体,在窗体中分别具有下拉菜单和弹出式菜单。

问题分析:为创建下拉菜单,需要为其创建菜单条、菜单和相应的菜单项,并把菜单项添加到菜单中,把菜单添加到菜单条中,再把菜单条添加到窗体的容器中。创建快捷菜单除了要定义相应的菜单项、菜单和弹出式菜单外,还需要在鼠标右击事件的处理程序中通过 show()方法显示弹出式菜单。程序代码如下:

```java
import javax.swing.*;
import java.awt.event.*;
import java.awt.Container;
import java.awt.BorderLayout;
public class eg9_4 extends MouseAdapter implements ActionListener {
    JFrame frame=new JFrame("菜单测试");
    JTextArea theArea = null;
    JMenuItem newf, open, close, quit;//下拉菜单项
    //弹出式菜单项
    JMenuItem mi1, mi2, mi3, mi4, mi5;
    JPopupMenu jp;
    JButton btn1, btn2;
    public eg9_4() {
        JMenuBar MBar = new JMenuBar();
        MBar.setOpaque(true);
        JMenu mfile = buildFileMenu();
        MBar.add(mfile);
        frame.setJMenuBar(MBar);
        theArea= new JTextArea(5, 10);
        JPanel pan = new JPanel();
        btn1 = new JButton("OK");
        btn2 = new JButton("Cancel");
        pan.add(btn1);
        pan.add(btn2);
        Container cpan = frame.getContentPane();
        cpan.setLayout(new BorderLayout());
        cpan.add("Center", theArea);
        cpan.add("South", pan);
        jp = creatPopupMenu();
        jp.pack();
        frame.setSize(400, 200);
        frame.setVisible(true);
```

```java
    }
    public JMenu buildFileMenu() { // 生成菜单
        JMenu thefile = new JMenu("File");
        thefile.setMnemonic('F');
        // 为菜单项加图片
        newf = new JMenuItem("New", new ImageIcon("gif/g1.gif"));
        open = new JMenuItem("Open", new ImageIcon("gif/g18.gif"));
        close = new JMenuItem("Close", new ImageIcon("gif/g15.gif"));
        quit = new JMenuItem("Exit", new ImageIcon("gif/g4.gif"));
        // 为菜单项加热键
        newf.setMnemonic('N');
        open.setMnemonic('O');
        close.setMnemonic('L');
        quit.setMnemonic('X');
        // 为菜单项加快捷键
        newf.setAccelerator(KeyStroke.getKeyStroke('N',
                    java.awt.Event.CTRL_MASK, false));
        open.setAccelerator(KeyStroke.getKeyStroke('O',
                    java.awt.Event.CTRL_MASK, false));
        close.setAccelerator(KeyStroke.getKeyStroke('L',
                    java.awt.Event.CTRL_MASK, false));
        quit.setAccelerator(KeyStroke.getKeyStroke('X',
                    java.awt.Event.CTRL_MASK, false));
        // 把菜单项加入菜单
        thefile.add(newf);
        thefile.add(open);
        thefile.add(close);
        thefile.addSeparator();
        thefile.add(quit);
        // 为菜单项设置监听器
        newf.addActionListener(this);
        open.addActionListener(this);
        close.addActionListener(this);
        quit.addActionListener(this);
        return thefile;
    }
    public void actionPerformed(ActionEvent e) {
        if (e.getSource() == newf)
            theArea.append("- MenuItem New Performed -\n");
```

```java
        if (e.getSource() == open)
            theArea.append("- MenuItem Open Performed -\n");
        if (e.getSource() == close)
            theArea.append("- MenuItem Close Performed -\n");
        if (e.getSource() == quit)
            System.exit(0);
        if (e.getSource() == btn1)
            theArea.setText(null);
        if (e.getSource() == btn2)
            System.exit(0);
        if (e.getSource() == mi1)
            theArea.append("你选择了" + mi1.getText() + "\n");
        if (e.getSource() == mi2)
            theArea.append("你选择了" + mi2.getText() + "\n");
        if (e.getSource() == mi3)
            theArea.append("你选择了" + mi3.getText() + "\n");
        if (e.getSource() == mi4)
            theArea.append("你选择了" + mi4.getText() + "\n");
        if (e.getSource() == mi5)
            theArea.append("你选择了" + mi5.getText() + "\n");
    }
    public JPopupMenu creatPopupMenu() {// 创建弹出式菜单
        JPopupMenu jpm = new JPopupMenu("my PopupMenu");
        JMenu jm = new JMenu();
        mi1 = new JMenuItem("第一项");
        mi2 = new JMenuItem("第二项");
        mi3 = new JMenuItem("第三项");
        mi4 = new JMenuItem("第四项");
        mi5 = new JMenuItem("第五项");
        jm.add(mi4);
        jm.add(mi5);
        jpm.add(mi1);
        jpm.add(mi2);
        jpm.add(mi3);
        jpm.addSeparator();
        jpm.add(jm);
        mi1.addActionListener(this);
        mi2.addActionListener(this);
        mi3.addActionListener(this);
```

实验九 GUI 组件

```
                mi4.addActionListener(this);
                mi5.addActionListener(this);
                theArea.addMouseListener(this);
                btn1.addActionListener(this);
                btn2.addActionListener(this);
                return jpm;
            }
            //重写事件适配器类的鼠标右击处理方法
            public void mouseReleased(MouseEvent e) {
                if (e.getSource() == theArea)
                    if (e.isPopupTrigger())           // 判定是否是鼠标右击
                        jp.show(theArea, e.getX(), e.getY());  // 显示弹出式菜单
            }
            public static void main(String[] args) {
                eg9_4 F = new eg9_4();
                F.frame.addWindowListener(new WindowAdapter() {
                    public void windowClosing(WindowEvent e) {
                        System.exit(0);
                    }
                });
            }
        }
```

程序运行结果如图 9.4 所示。

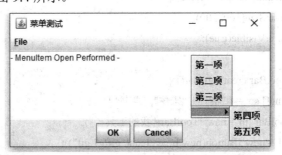

图 9.4　运行结果

程序运行结果分析：

程序中作为下拉菜单项前的小图片对应的图片文件需要保存在与程序文件在同一目录下的 gif 子目录中。表达式 new ImageIcon("gif/g1.gif")示范了如何根据 gif 文件创建 ImageIcon 对象的方法。需要注意的是为了使程序能够找到 gif 文件，需要使用相对路径说明文件的位置。相对路径的起点为当前的程序文件所在的目录，本例中 "g1.gif" 的相对路径为 "gif/"。

主类作为事件监听器类，分别继承了 MouseAdapter 和 ActionListener 接口。为此，在

主类中分别重写和实现了 mouseReleased() 方法和 actionPerformed()方法。程序通过设计 creatPopupMenu()方法来产生用户需要的弹出式菜单，并为弹出式菜单的每个菜单项设置事件监听器。在 mouseReleased() 方法中，程序通过 e.isPopupTrigger()方法来确定是否是鼠标右击调用弹出式菜单的事件。

例 9.5 设计一个窗体，使其包含一个工具栏，当用户单击工具栏的前三个按钮时可改变窗口的颜色。

问题分析：为实现题目的功能，首先设置若干工具栏的各个组件，包括按钮、下拉列表框等。然后定义工具栏对象，向工具栏对象追加这些组件，然后把工具栏对象加到窗体中。最后分别对按钮组件编写 ActionListen 监听器的事件处理程序。程序代码如下：

```java
import javax.swing.*;
import java.awt.event.*;
import java.awt.*;
public class eg9_5 implements ActionListener {
    JButton btn1, btn2, btn3, btn4, btn5;
    JComboBox jcb;
    JFrame frm;
    Container cpan;
    public eg9_5() {
        frm = new JFrame("我的窗体");
        JToolBar toolbar = creatToolBar();
        cpan = frm.getContentPane();
        cpan.setLayout(new BorderLayout());
        cpan.add("North", toolbar);
        frm.setSize(300, 200);
        frm.setVisible(true);
    }
    public JToolBar creatToolBar() {
        String[] str = { "楷体", "宋体", "隶书" };
        JToolBar jtb = new JToolBar("我的工具栏");
        btn1 = new JButton(new ImageIcon("gif/g1.gif"));
        btn2 = new JButton(new ImageIcon("gif/g2.gif"));
        btn3 = new JButton(new ImageIcon("gif/g3.gif"));
        btn4 = new JButton(new ImageIcon("gif/g4.gif"));
        btn5 = new JButton(new ImageIcon("gif/g5.gif"));
        btn1.setToolTipText("面板设置为红色");
        btn2.setToolTipText("面板设置为蓝色");
        btn3.setToolTipText("面板设置为绿色");
        jcb = new JComboBox(str);
        jtb.add(btn1);          jtb.add(btn2);
```

```java
            jtb.add(btn3);
            jtb.addSeparator();
            jtb.add(btn4);          jtb.add(jcb);
            jtb.add(btn5);
            btn1.addActionListener(this);
            btn2.addActionListener(this);
            btn3.addActionListener(this);
            btn4.addActionListener(this);
            return jtb;
        }
        public void actionPerformed(ActionEvent e) {
            String ver=new String();
            if (e.getSource() == btn1)
                cpan.setBackground(Color.RED);
            if (e.getSource() == btn2)
                cpan.setBackground(Color.blue);
            if (e.getSource() == btn3)
                cpan.setBackground(Color.green);
            if (e.getSource() == btn4){
                ver=JOptionPane.showInputDialog(null,"请输入版本号");
                JOptionPane.showMessageDialog(null,"版本号"+ ver);
            }
        }
        public static void main(String[] args) {
            new eg9_5();
        }
    }
```

运行结果如图 9.5 所示。

图 9.5　运行结果

运行结果分析：

运行程序可看到运行结果中的第一幅图，当用户单击工具栏中的第四个图标时，出现运行结果的第二幅图，在输入版本号并单击确定后显示第三幅图。此功能通过按钮 bnt4 的事件处理程序中的标准对话框调用语句。

例 9.6 编程在窗体中绘制一个小鸭子。

问题分析：在窗体中绘制图形，需要使用 JPanel 类的容器，同时重写 JPanel 类中的 paint(Graphics g)方法。paint()方法中使用 Graphics 类中的绘图方法绘制。这里重点是计算好各个弧和线段的坐标和参数即可。程序代码如下：

```java
import java.awt.*;
import java.awt.event.WindowAdapter;
import java.awt.event.WindowEvent;
import javax.swing.*;
public class eg9_6 {
    JFrame frm = new JFrame("绘图举例");
    Container cpan;
    JPanel pan = new JPanel();
    JButton but = new JButton("画鸭子");
    public eg9_6() {
        cpan = frm.getContentPane();
        pan = new myPanel();
        cpan.add(pan);
        frm.setSize(400, 350);
        frm.setVisible(true);
    }
    public static void main(String[] args) {
        eg9_6 eg = new eg9_6();
        eg.frm.addWindowListener(new WindowAdapter() {
            public void windowClosing(WindowEvent e) {
                System.exit(0);
            }
        });
    }
class myPanel extends JPanel {
    public void paint(Graphics g) {
        g.drawOval(100, 80, 25, 20);
        g.fillOval(100, 80, 20, 15);
        g.drawArc(80, 60, 80, 80, 0, 180);
        g.drawArc(-13, -20, 180, 180, -20, -40);
        g.drawArc(115, 147, 20, 20, 120, 180);
        g.drawLine(130, 167, 245, 120);
        g.drawArc(70, 80, 190, 150, 150, 240);
        g.drawArc(30, -13, 170, 120, 220, 24);
        g.drawArc(45, 12, 170, 120, 200, 30);
```

```
                g.drawLine(170, 175, 230, 140);
                g.drawLine(180, 190, 225, 160);
            }
        }
    }
```
程序运行结果如图 9.6 所示。

图 9.6　运行结果

9.4　思考题与练习程序

(1) 编程实现 GUI 界面的小学 100 以内加法的出题程序。要求在窗口框架中包含标签、文本框和按钮组件，可以自动出题，在用户输入答案后可以判定答案是否正确。

(2) 编程实现 GUI 界面的学生信息注册程序。要求在窗口框架中包含输入学生的学号、姓名、性别、班级、学院、专业。其中学号和姓名通过文本框输入，性别为单选按钮输入，班级、学院和专业采用列表框或组合框输入。在输入信息后，单击确定按钮会在窗口中的文本区中显示学生的信息。

(3) 编程实现下拉菜单，菜单条中包括三个菜单，第一个菜单名为"文件"，包括"打开"、"关闭"、"退出"三个菜单项，第二个菜单名为"编辑"，包括"复制"、"剪切"、"粘贴"三个菜单项，第三个菜单名为"帮助"，包含"版本号"和"帮助"两个菜单项。

(4) 编程实现弹出式菜单，要求当用户右击窗体时弹出快捷菜单。快捷菜单中包含"红色"、"黄色"和"绿色"三个菜单项，当用户选择相应菜单项时，改变窗体背景色为对应颜色。

(5) 编程实现工具栏，实现第(4)题的功能。

(6) 编程在窗体中绘制笑脸图像。

实验十 Applet 小程序

10.1 实验目的

(1) 了解 Applet 小程序的结构；
(2) 了解如何调用 Applet 小程序；
(3) 了解 Applet 的运行机制。

10.2 实验预习

Applet 也称为 Java 小程序，它不能独立运行，仅能在编译成字节码后嵌入到网页文件的超文本标记语言(HyperText Markup Language, HTML)的语句中，在用户浏览网页时，通过浏览器运行。Applet 小程序的程序结构如下：

```
import java.applet.Applet;
import java.awt.Graphics;
 public class eg10_1    extends Applet{
    public void init(){
        //设置小应用程序的初始状态
    }
    public void paint(Graphics g){
        //绘制小应用程序的显示界面
    }
    //其他方法
}
```

Applet 程序编写完成后，首先要用 Java 编译器编译成为字节码文件，然后编写相应的 HTML 文件才能够正常运行，针对例 10.1 的小程序，我们编写一个简单的 HTML 文件调用它。其文件名为 HelloApplet.html，文件内容为：

```
<html>
<body>
<applet code="eg10_1.class" width=200 Height=200>
</applet>
</body>
```

</html>

其中调用 Java 字节码文件的标记为 applet 标记。

10.2.1 与 Applet 相关的 HTML 标记

Applet 程序的运行与 Web 浏览器和 HTML 文件密切相关，HTML 是 Web 页的标准实现语言，其语句是由成对的标记和需要标记的内容构成的。

每一对标记都用来指定浏览器显示和输出文档的方式，它用小于号"＜"和大于号"＞"括起来的短语和符号，如<HTML>和</HTML>等。HTML 标记必须成对出现，用来描述一对标记中的文档的属性。如<HTML>和</HTML>标记用来标记网页的开始和结束，<APPLET>和</APPLET>标记用来标记 Java 小应用程序的开始和结束等。

一个最基本的 HTML 程序的结构如图 10.1 所示，它以<HTML>标记开始，表示文档的开始，以</HTML>标记结束文档。在 HTML 文档中主要分网页头部和网页正文两大部分。网页头部用<HEAD>和</HEAD>标记，主要用来说明文档的类型、标题、性质、与其他文档的关系等；网页正文部分用<BODY>和</BODY>标记，它是文档的主体，描述了文档的内容、文字、图像、表格、小应用程序和多媒体信息等。网页正文的内容就是需要显示在浏览器中的、用户能在浏览器中看到的内容。

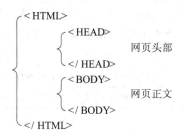

图 10.1 HTML 基本框架

Applet 程序要在 Web 浏览器中加载，必须通过在 HTML 中定义的<APPLET>标记来实现，且<APPLET>标记要包含在<BODY>和</BODY>之间。

在<APPLET>标记的完整语法中，可以有若干个属性，其中必须有的属性是 CODE、WIDTH、HEIGHT，其余属性均为可选项。调用 APPLET 的最简格式如下：

<APPLET CODE ="Applet 字节码文件名"WIDTH=宽度 HEIGHT=高度> </APPLET>

在语句中，CODE 参数说明调用哪个 Applet 小程序。它通过等号后用双引号括起来的 Applet 小程序的字节码文件名来说明。WIDTH 和 HEIGHT 参数用来说明小应用程序的执行窗口的大小，它们以像素点为单位。

此外，在 APPLET 标记中还可以使用很多其他的参数，这些参数的用法和 WIDTH 与 HEIGHT 参数的用法相同，也写在 APPLET 标记的参数列表中。表 10.1 列出了 APPLET 标记中支持的各种参数的功能。

为了使 Applet 更具有灵活性，需要在小程序中设置一些未知参数，以接受来自 Web 页面的信息，即在 HTML 中需要传递参数给 Applet 小程序。在 HTML 中传递 Applet 程序使用的参数，可以使用<APPLET>标记的属性<PARAM NAME>来实现，Applet 程序中使用

getParameter()方法得到这些参数。这个过程是分两步完成的,第一步由 Web 页的 HTML 给出参数;第二步,在执行 Applet 小程序时,由小程序读取这些参数。

表 10.1　APPLET 标记中的参数

参数名称	功　能
CODE	必选参数,指定调用 Applet 的字节码文件
HEIGHE	必选参数,指定 Applet 运行窗口的高度,单位是像素
WIDTH	必选参数,指定 Applet 运行窗口的宽度,单位是像素
CODEBASE	可选参数,设置 Java 字节码文件所在的路径或 URL,如没有指定则认为字节码文件和 HTML 文件在同一个目录
ARCHIVE	可选参数,描述一个或多个包含有将要"预加载"的类或其他资源文档
OBJECT	可选参数,它给出包含 Applet 程序序列化表示的文件名
ALT	可选参数,指明 Applet 不能运行时浏览器显示的替代文本
NAME	可选参数,用来为 Applet 程序指定一个符号名,该符号名在相同网页的不同 Applet 程序之间通信时使用
PARAM NAME	可选参数,指定给 Applet 程序传递参数的名字和数据。在 Applet 程序中使用 getParameter()方法可以得到这些参数
ALIGN	可选参数,指定 Applet 程序执行结果的对齐方式。该属性的值可以是 LEFT、RIGHT、TOP、TEXTTOP、MIDDLE、BOTTOM、ABSMIDDLE、BASELINE、ABSBOTTOM
VSPACE	可选参数,指定 Applet 程序的执行结果的显示区上下边宽度值,以像素为单位
HSPACE	可选参数,指定 Applet 程序的执行结果的显示区左右边宽度值,以像素为单位

10.2.2　Applet 类

在编写 Java Applet 小应用程序时,首先要确保我们定义的类继承自 java.applet.Applet 类。
Applet 类继承自面板类 Pannel,Pannel 类是 Java 的抽象窗口工具包 AWT 中的主要容器类之一,所以 Applet 从本质上来说就是能够嵌入 Web 页面的一种图形界面的面板容器。

1. Applet 类中常用的方法

如表 10.2 所示。

表 10.2　与 Applet 运行相关的方法

方　法　名	功　能
Applet()	Applet 的构造方法
init()	完成 Applet 的初始化工作
start()	在浏览器中启动 Applet
stop()	停止 Applet 运行
destroy()	销毁 Applet
paint(Graphics g)	在浏览器屏幕上显示信息图片 g
update(Graphics g)	更新小应用程序的图片 g
repaint()	刷新 Applet 的图片区

这些方法是在小应用程序运行过程中自动执行的，我们可以通过重写它们来实现在小应用程序的不同生命周期中完成不同的功能。

2. Applet 的生命周期

Applet 小应用程序也有它特有的生命周期。其具体的步骤如图 10.2 所示。

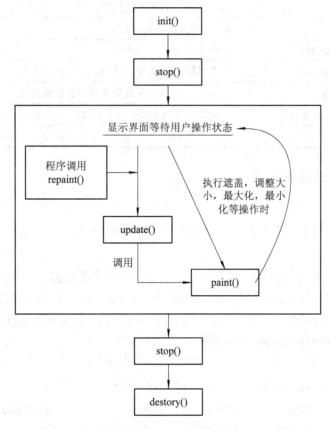

图 10.2 Applet 的生命周期

从图 10.2 中我们可以看出 Applet 小应用程序的生命周期起点是从 init()方法开始的。也就是说，当含有 Applet 小程序的网页被用户从浏览器中打开后，浏览器执行到 APPLET 标记时，首先运行 init()方法来初始化小应用程序的初始状态，然后自动运行 start()方法，在运行 start()方法时，如果涉及到小应用程序的显示问题，则调用 paint()方法显示信息，然后进入等待用户操作的状态，一旦用户进行操作出现了遮盖小应用程序面板、最大化、最小化浏览器串口或调整浏览器窗口等操作时，系统会自动调用 update()方法，在 update()方法运行时先清空小应用程序的区域，然后调用 paint()方法后再次进入等待用户操作状态。一旦用户进行了刷新操作，或程序中调用了 repaint()操作，则系统在执行 repaint()方法后再次调用 update()方法。如此循环，当用户关闭浏览器中含 Applet 小程序的网页时，系统会调用小程序的 stop() 方法，终止小程序的运行，然后调用 destory()方法销毁小程序。这样就完成了一个小程序的生命周期。

此外，Applet 类中还有一些用于设置小应用程序的属性和扩展小应用程序功能的方法。这些方法及功能如表 10.3 所示。

表 10.3 Applet 类的常用方法

方法名	功　能
getAppletInfo()	取得 Applet 的信息
getCodeBase()	获取当前 Applet 的 URL 地址
isActive()	测试 Applet 是否在运行
play(URL,url)	播放网址为 url 的声音文件
resize(int width, int height)	改变 Applet 窗口的大小
getParameter(String name)	获取当前 HTML 中名为 name 的参数的值
showStatus(String msg)	把 msg 的值显示在浏览器窗口的状态栏上
getImage(URL url,String name)	从指定的 URL 地址 url 获得文件名为 name 字符串值的图像文件
getAudioClip(URL ure, String str)	从指定的 URL 地址 url 获得文件名为 str 字符串值的声音文件

10.2.3　Applet 中常用的接口

通过小应用程序可以为 Web 页增加一些多媒体功能，如图片显示、声音播放等。实现这些功能需要一些相关的辅助类，如 Image 类、AudioClip 类等。

1. Image 接口

在 JDK 中图像信息是封装在抽象类 Image 中的，它主要支持 gif 和 jpeg 格式的图像。

由于 Image 类是抽象类，所以无法直接生成 Image 对象，需要采用特殊的方法载入或生成图像对象。在 Applet 小程序中，通常是借助 Applet 类中的 getImage()方法来生成 Image 对象，然后使用 drawImage()方法将图像显示到屏幕上。

drawImage()方法有多种形式，其中较常用的形式如下：

　　　　drawImage(Image img, int x, int y, ImageObserver observer)

在这个方法中，参数 img 表示要显示的 Image 对象，x 和 y 表示 Image 对象的位置，observer 是绘图过程的监视器，它的类型为 ImageObserver。ImageObserver 是 java.awt.image 包中的一个接口，AWT 中的 Component 类实现了该接口。因此用 Component 类及其子类的实例都可以赋给 observer 参数，但我们主要使用的是 Applet 类，即用 this 作为参数，表示把当前小应用程序作为监视器。实验内容中的例子给出了在 Applet 中显示图像的基本框架。

2. AudioClip 接口

AudioClip 接口有三个方法。

(1) loop()方法表示可以用循环方式播放此音频剪辑。

(2) play()方法表示开始播放音频剪辑。

(3) stop()方法用于停止播放音频剪辑。

由于 AudioClip 是接口，所以只能通过其子类创建对象，通常我们可以利用 getAudioClip(URL ure, String str)方法获取声音对象并使用。如在 Applet 程序中的 paint()方法中使用，下面的语句格式根据指定的声音文件创建 AudioClip 类的对象。

　　　　AudioClip audioClip = getAudioClip(getCodeBase(),声音文件名);

然后通过 audioClip 对象调用 loop()、play()或 stop()方法操作音频。

3. 其他 GUI 组件

Applet 由于继承自 AWT 包，因此它也具有事件处理的功能。Applet 的事件处理与普通应用程序类似，在 Applet 中可以为各种事件注册监听程序，然后通过监听程序对事件进行响应。

同时由于 Applet 是容器组件，所以在 Applet 上可以放置任何 GUI 组件并使用其方法。

10.3 实 验 内 容

例 10.1 编写简单的 Applet 小程序，实现在浏览器中的坐标(100,200)位置输出" I am a Applet!"。

问题分析：为在浏览器中运行 Applet，需要完成两步：

(1) 编写 Applet 程序；

(2) 在 Web 页中调用 Applet。

代码 1：Applet 程序

```
import java.applet.Applet;
import java.awt.Graphics;
public class eg10_1    extends Applet{
        String s;
        public void init(){
            s="I am a Applet! ";
        }
        public void paint(Graphics g){
            g.drawString(s,100,200);
        }
}
```

代码 2：一个简单调用 Applet 的 HTML 文件。

```
<!This is a simple example>
<html>
<head>    </head>
<body>
        <applet    code ="eg10_1.class"    width=300    heigth=500>
        </applet>
</body>
</html>
```

在浏览器中打开此网页得到结果如图 10.3 所示。

图 10.3 网页结果

带参数的小应用程序是由 HTML 网页文件提供参数,嵌入网页中的小应用程序根据参数的值做计算。这是常用的一种动态网页的实现形式,用户可以和网页进行简单的交互。

例 10.2 编写一个 Applet 小程序,要求小程序可由网页读入程序的标题文本,在小程序上要求用户输入"优"、"良"、"中"和"及格"字样,小程序输出其百分制的分值范围。

题目分析:为达到题目要求,需要小程序根据 Web 页中的输入给出不同的回复,所以需要设计带参的 Applet。为此在网页中调用 Applet 时需要通过 param 子句提供参数,在小程序中通过 getParameter()方法读取参数。其 HTML 代码和 Java 小程序代码如下:

HYML 代码:

```
<html>
<head> 在 html 中传递 Applet 使用的字符串参数</head>
<HR>
<body>
<Applet code="eg10_2.class" width=150 height=30>
    <param name="str" value="及格">
</Applet><BR>
<Applet code="eg10_2.class" width=150 height=30>
    <param name="str" value="中">
</Applet><BR>
<Applet code="eg10_2.class" width=150 height=30>
    <param name="str" value="良">
</Applet><BR>
<Applet code="eg10_2.class" width=150 height=30>
    <param name ="str" value="优">
</Applet>
</body>
</html>
```

Java 小程序代码:

```
import java.applet.Applet;
```

```
import java.awt.Graphics;
public class eg10_2 extends Applet {
    String str1, score;
    public void init() {
        str1 = getParameter("str");
        if (str1.equals("及格"))
            score = "60~70";
        else if (str1.equals("中"))
            score = "70~80";
        else if (str1.equals("良"))
            score = "80~90";
        else if (str1.equals("优"))
            score = "90~100";
    }
    public void paint(Graphics g) {
        g.drawString(str1 + ":" + score, 10, 25);
    }
}
```

小应用程序编译后，与网页放在同一目录中，用浏览器打开网页看到的结果如图 10.4 所示。

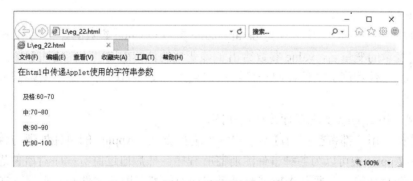

图 10.4　网页结果

例 10.3　用 Applet 显示图像。

题目分析：为了显示照片，在网页中需要通过 param 参数给出照片文件的名称。同时，小程序通过 getParameter()方法读取照片文件，形成 Image 对象，并在 paint()方法中通过 drawImage()方法显示。程序代码如下：

```
import java.applet.Applet;
import java.awt.*;
import java.net.*;
public class eg10_3 extends Applet {
    Image img1;
```

```
        URL url;
        String target;
        public void init(){

                url=this.getDocumentBase();
                target=this.getParameter("img");
                img1=getImage(url,target);
        }
        public void paint(Graphics g){
                g.drawImage(img1, 0,0,getWidth(),getHeight(), this);
        }
}
```

在网页中调用此程序时，需要配以相应的 HTML 语句。下面是调用该程序的基本HTML。

```
<html>
<body>
<Applet code="eg10_3.class" width=200 height=200 >
<param name="img" value="bears.jpg">
</applet>
</body>
</html>
```

程序分析：在 HTML 中需要注意 param name 参数和 value 参数的配合使用。param name 给出了传递变量的变量名，value 参数给出了该变量的值。在这里还需要注意图片文件的位置。如果图片文件和网页文件在同一目录，则直接写文件名即可，如不是则需写清文件的所在路径。

例 10.4　用 Applet 实现鼠标移动切换图片。

题目分析：用户都希望在浏览器中和网页进行交互，Applet 的事件处理与普通应用程序类似，在 Applet 中可以为各种事件注册监听程序，然后通过监听程序对事件进行响应。为实现切换图片功能，需要预先把需要显示和切换的若干图片文件和网页保存在一起，并在网页中用 param name 参数把图片文件名表示成一个一个的变量。这样，在 Applet 程序中才能通过 getParameter()方法读入。Java 代码如下：

```
import java.applet.*;
import java.awt.*;
import java.net.*;
import java.awt.event.*;
public class eg10_8 extends Applet implements MouseListener{
        Image image[]=new Image[5];
        String target,temp;
        static int count;    //用于描述图片文件名编号
```

实验十 Applet 小程序

```java
    AppletContext context;
    public void init(){
        target=getParameter("target");
        eg10_8.count=1;
        for(int i=0;i<5;i++){
            //生成图片文件名
            temp="image"+Integer.toString( eg10_8.count);
                //从网页中读取图片文件名，并生成 Image 数组元素
            image[i]=getImage(getDocumentBase(),getParameter(temp));
            //解决静态成员变量 count 的值持续增长的问题
            eg10_8.count=( eg10_8.count)%5+1;
        }
        context=getAppletContext();      //获得 Applet 的上下文
        addMouseListener(this);          //为小应用程序注册事件监听器
    }
    public void paint(Graphics g){
        g.drawImage(image[ eg10_8.count-1],0, 0, this);
    }
    public void mouseEntered(MouseEvent me){
        eg10_8.count=( eg10_8.count)%5+1;
        getGraphics().drawImage(image[ eg10_8.count-1], 0, 0, this);
        context.showStatus("第"+Integer.toString( eg10_8.count)+
                             "幅图像！ ");
    }
    public void mouseExited(MouseEvent me){
        getGraphics().drawImage(
            image[ eg10_8.count-1],
            0, 0,
            getWidth(), getHeight(),
            null);
        context.showStatus("控制浏览器。 ");
    }
    public void mouseClicked(MouseEvent me){}
    public void mousePressed(MouseEvent me){}
    public void mouseReleased(MouseEvent me){}
}
```

与其对应的 Web 文件内容如下：

```
<html>
<head>
```

```
            eg10_8 测试程序
        </head>
        <body>
            <applet code="eg10_8.class" width="300" height="300" >
                <param name="target" value="_blank">
                <param name="image1" value="image1.jpg">
                <param name="image2" value="image2.jpg">
                <param name="image3" value="image3.jpg">
                <param name="image4" value="image4.jpg">
                <param name="image5" value="image5.jpg">
                <param name="image6" value="image6.jpg">
            </applet>
        </body>
    </html>
```

程序运行分析：由于 Applet 的功能是切换图片，所以要求图片变量名具有一定的规律，以方便使用循环和数组。为此，在网页中为图片变量命名时采用了相应的命名规则。图片对象的命名规则为"image+数字"，即第一个图片对象名为"image1"，第二个图片对象名为"image2"，并以此类推。给图片命名的过程是在 HTML 文件中通过<param name="image1" value = "image1.jpg"> 语 句 实 现 的 。 而 且 在 Applet 中 通 过 temp = "image"+ Integer.toString(eg10_8.count)语句生成图片名，通过语句

```
            image[i]=getImage(getDocumentBase(),getParameter(temp));
```

把每个图片转换为 Image 对象，并保存在 image 数组中。此语句中的 getDocumentBase()方法用于获取图片文件所在目录的位置，getParameter(temp)方法用于获取图片文件名，然后通过 getImage()方法把图片文件包装成 Image 对象。至此，Applet 完成了与 Web 页中 HTML 的信息读取，而 paint()方法则是用于输出图像。

10.4 思考题与练习程序

(1) 编写一个小应用程序显示一行问候语。

(2) 编写一个小应用程序根据网页中输入的姓名和语文、数学、英语成绩，计算该同学的总成绩并输出。

(3) 编写一个小应用程序，可以显示网页中指定的图片。

实验十一 流和文件

11.1 实验目的

(1) 了解流的概念；
(2) 了解输入/输出流模型；
(3) 掌握使用流读取和写入文件；
(4) 了解文件操作。

11.2 实验预习

11.2.1 流的基本概念和模型

流是指在计算机的输入与输出之间运动的数据的序列。就像水管中的水流，输入流代表从外设流入计算机的数据序列，输出流代表从计算机流向外设的数据序列。"流"有两个端口，一端与数据源(当输入数据时)或数据接收者(当输出数据时)相连，另一端与程序相连，根据数据的流动方向，从数据源流向应用程序称为输入流，用于读取数据；从应用程序输出到数据接收者称为输出流，用于程序中数据的保存和输出。输入流过程和输出流过程分别如图 11.1 和图 11.2 所示。

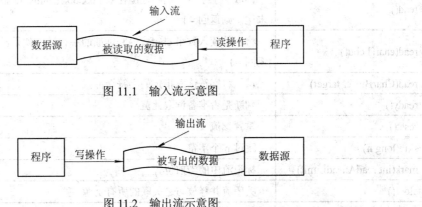

图 11.1 输入流示意图

图 11.2 输出流示意图

按照处理数据的单位类型来划分，流可分为字节流和字符流。
字节流处理信息的基本单位是 8 位的字节，以二进制的原始方式读写，这种流通常用于读/写图片、声音之类的二进制数据。

字符流以字符为单位，一次读写 16 位二进制数，并将其作为一个字符而不是二进制位来处理，字符流的源或目标通常是纯文本文件。

在 Java 中无论数据来自或去往哪里，无论数据类型是什么顺序，读写数据的算法都基本按照图 11.3 所示的流程执行。

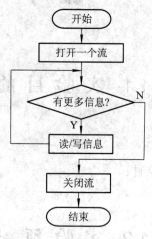

图 11.3 读/写算法流程图

11.2.2 字符流的处理

字符流的处理类都基于 Reader 和 Writer 类，它们分别对应字符数据的输入和输出。

1. 字符输入

Reader 类中包含了一套字符输入流都需要的方法。程序员可以利用它们完成最基本的从输入流读入字符数据的功能。类中所提供的方法和功能如表 11.1 所示。

表 11.1 Reader 类常用方法

方　　法	功　　能
read()	读取一个字符，返回范围在 0～65535 之间的 int 值，如果已到达流的末尾，则返回 −1
read(char[] cbuf)	将字符读入数组 cbuf。返回读取的字符数，如果已到达流的末尾，则返回 −1
read(CharBuffer target)	试图将字符读入指定的字符缓冲区
ready()	判断是否准备读取此流
reset()	重置该流
skip(long n)	跳过 n 个字符
mark(int readAheadLimit)	标记流中的当前位置
close()	关闭流并释放与之关联的所有资源

在使用 Reader 中的方法时由于容易出现读不到数据或读到错误数据的情况，所以都需要对 IOException 异常进行处理。

2. 字符输出

Writer 类中包含了字符输出的方法，其主要方法和功能如表 11.2 所示。在使用这些方法的过程中也容易产生 IOException 异常，在程序中需要对 IOException 异常进行处理。

表 11.2 Reader 类常用方法

方　　法	功　　能
append(char c)	将字符 c 添加到 writer
append(CharSequence csq)	将字符序列添加到 writer
append(CharSequence csq, int start, int end)	将指定字符序列的子序列添加到 writer
write(char[] cbuf)	写入字符数组
write(int c)	写入单个字符
write(String str)	写入字符串
write(String str, int off, int len)	写入字符串的某一部分
close()	关闭此流，但要先刷新它

3. 其他字符流的使用

抽象类 Reader 和 Writer 类为字符流的操作提供了一个处理的框架，在实际使用时并不常用，实际上我们在编程时会根据输入输出字符的数据源不同选择其不同的子类进行操作。这里常用的字符流类有 InputStreamReader 类、OutputStreamWriter 类、BufferedReader 类、BufferedWriter 类、FileReader 类和 FileWriter 类。

1) InputStreamReader 类 和 OutputStreamWriter 类

InputStreamReader 类和 OutputStreamWriter 类是字节流和字符流之间的桥梁，它们主要用于在数据流中需要完成字符和字节转换的情况。InputStreamReader 类用于使用指定的字符集读取字节并将其解码为字符，OutputStreamWriter 用于把字符写成字节流的情况。

在使用这两个类的时候要注意生成的字符流对象，要遵照一定的平台规范。把以字节方式表示的流转为特定平台上的字符表示，我们可以在构造这些流对象时制定规范，也可以使用当前平台缺省规范。

InputStreamReader 类的构造方法有两个：

(1) 创建一个使用默认字符集的 InputStreamReader 对象。

方法格式：InputStreamReader(InputStream in)

说明：参数 in 表示一个输入流对象。

(2) 创建使用指定字符集的 InputStreamReader 对象。

方法格式：InputStreamReader(InputStream in, String charsetName)

说明：参数 in 表示一个输入流对象，charsetName 是字符集的名称。

OutputStreamWriter 类的构造方法也有两个：

(1) 创建使用默认字符编码的 OutputStreamWriter 对象。

方法格式：OutputStreamWriter(OutputStream out)

说明：其中参数 out 为输出流对象。

(2) 创建使用指定字符集的 OutputStreamWriter 对象。

方法格式：OutputStreamWriter(OutputStream out, String charsetName)

说明：其中 out 为输出流对象，charsetName 为字符集名称，其取值和输入流的字符集名称相同。

如果有时不知道输入字符流或输出字符流所使用的字符编码的名称，我们可以使用输入或输出字符流对象的 getEncodeing()方法来检测。

2) BufferedReader 类和 BufferedWriter 类

缓冲区(Buffer)是特定基本类型元素的线性有限序列。BufferedReader 和 BufferedWriter 类是带有默认缓冲的字符输入流和输出流。BufferedReader 类用于从字符输入流中读取文本。BufferedWriter 类用于将文本写入字符输出流。这两个类因为有缓冲区，所以其读写的效率比没有缓冲区的输入流和输出流高。这两个类通常用于整行字符或整段字符的读写。其常用的方法如表 11.3 所列。

表 11.3 BufferedReader 类和 BufferedWriter 类常用方法

方　法	功　能
BufferedReader(Reader in)	创建一个用默认缓冲区大小的字符输入流
BufferedReader(Reader in, int sz)	创建一个缓冲区大小为 sz 的字符输入流
readLine()	读取一个文本行
BufferedWriter(Writer out)	创建一个默认缓冲区大小的字符输出流
BufferedWriter(Writer out, int sz)	创建一个缓冲区大小为 sz 的字符输出流
newLine()	写入一个行分隔符
flush()	刷新流的缓冲区

3) FileReader 类和 FileWriter 类

FileReader 类和 FileWriter 类是 Java 专门为读写以字符为文件内容的文件的一组文件内容读写流类。

FileReader 类的常用构造方法如下：

FileReader(String fileName)

通过此构造方法，可以根据文件名创建一个 FileReader 对象，此对象和文件名所指的文件连接。通过该对象，可以以字符流的形式读出文件的内容。

FileWriter 类的常用构造方法有两个。

(1) FileWriter(String fileName)。

通过此构造方法,可根据指定的文件名构造一个 FileWriter 对象,此对象连接 fileName 代表的文件，允许用户通过 FileWriter 对象的方法向文件中写字符数据。

(2) FileWriter(String fileName, boolean append)。

此构造方法根据文件名 fileName 构造 FileWriter 对象，并在建立 FileWriter 对象的同时，根据参数 append 的值设置 FileWriter 对象是否允许追加数据。当 append 的值是 true 时，构造的 FileWriter 对象可以追加数据，否则使用 FileWriter 对象连接的文件在使用字符流写入数据并关闭后会以新数据覆盖原来的数据。

11.2.3 字节流的处理

InputStream 和 OutputStream 类是 Java 平台中具有最基本的输入和输出功能的抽象类，

它们是所有字节流的父类。

1. 输入字节流

InputStream 类是字节输入流类的基类，在 InputStream 类中包含字节输入流的基本方法，利用它们可以完成最基本的从输入流读入数据的功能。

当 Java 程序需要从外设中读入数据时，应该创建一个适当类型的输入流类对象来完成与该外设(如键盘或文件等)的连接，然后再调用执行这个新创建的流对象的特定方法，如 read()方法来实现对相应外设的输入操作。我们在前面章节中遇到的 System.in 就是 InputStream 类的一个对象，它代表标准输入流对象(键盘)。

InputStream 类的构造方法很简单，即 InputStream()。

此外，InputStream 类常用的方法如表 11.4 所示。

表 11.4　InputStream 类常用方法

方　法	功　能
read()	从输入流中读取数据的下一个字节，并返回 0～255 间的整数
read(byte[] b)	从输入流中读取一定数量的字节，并将其存储在缓冲区数组 b 中，并返回读取的字节数
skip(long n)	跳过和丢弃此输入流中数据的 n 个字节
available()	返回输入流可以读取(或跳过)的字节数
close()	关闭输入流并释放与该流关联的所有系统资源
reset()	重置输入流的读取位置
mark(int readlimit)	在输入流中标记当前的位置
read(byte[] b, int off, int len)	将输入流中读取 len 个数据存入数组 b 从索引 off 开始的位置，并返回读取字节数

2. 输出字节流

OutputStream 类中包含了一套所有字节输出流都要使用的方法。与读入操作一样，当 Java 程序需要向某外设输出数据时，应该创建一个输出流的对象来完成与该外设的连接，然后利用 write()等方法将数据顺序写到外设上。

OutputStream 类的构造方法很简单，即 OutputStream()。由于 OutputStream 类是其他输出字符流的父类，所以在使用时，通常会用 OutputStream 类引用指向一个 OutputStream 类的子类对象。

OutputStream 类常用的方法如表 11.5 所示。

表 11.5　OutputStream 类常用方法

方　法	功　能
write(byte[] b)	将 b.length 个字节从 b 数组写入此输出流
flush()	刷新输出流并强制写出所有缓冲的输出字节
write(byte[] b, int off, int len)	将 b 数组中偏移量 off 开始的 len 个字节写入输出流
write(int b)	将 b 个字节写入此输出流
close()	关闭输出流并释放与此流有关的所有系统资源

与输入流相似,输出流也是以顺序的写操作为基本特征的。也就是说在使用输出流时,只有前面的数据已被写到外设后,才能输出后面的数据;同时 OutputStream 所实现的写操作也只能将原始数据以二进制位的方式,一个字节一个字节地写到输出流所连接的外设中,而不能对所传递的数据进行格式或类型转换。

在这里要注意的是由于 InputStream 类和 OutputStream 类都是抽象类,所以无法创建对象,只能创建对象引用名,通过引用其子类 BufferInputStream 和 BufferOutputStream 创建的对象来调用方法。

11.2.4 过滤器数据流

过滤器数据流也分为输入流和输出流。它们本身并不和具体的数据源和数据目标连接,而是连接在其他输入/输出流上,来提供各种数据处理功能,如转换、缓存、加密、压缩等功能。过滤器数据流从已存在的输入流(如 FileInputStream)中读取数据,对数据进行适当的处理和改变后再送入程序。过滤器输出流向已存在的输出流(如 FileOutputStream)写入数据,在数据抵达底层流之前进行转换和处理工作。

过滤器输入流 FilterInputStream 和过滤器输出流 FilterOutputStream 的子类为 DataInputStream 和 DataOutputStream。

表 11.6 列出了 DataInputStream 的一些常用方法。

表 11.6 DataInputStream 类常用方法

方　法	功　能
readByte()	读取一个有符号的字节
readChar()	读取一个字符
readDouble()	读取 8 个字节,返回 double 值
readFloat()	读取 4 个字节,返回 float 值
readFully(byte[] b)	读取 b.length 个字节,并存到数组 b 中
readInt()	读取 4 个字节,并返回整形值
readLong()	读取 8 个字节,并返回长整型值
readShort()	读取 2 个字节,并返回短整型值
readUnsignedByte()	读取 1 个字节,并返回无符号值
readBoolean()	读 1 个字节,非 0 返回 True,0 返回 False
readUnsignedShort()	读 2 个字节,返回一个无符号的 short 值
readUTF()	读取 1 个 UTF-8 编码的字符串
read(byte[] b)	读取一定数量的字节,并将它们存储到缓冲区数组 b 中
read(byte[] b, int off, int len)	从包含的输入流中将最多 len 个字节读入 1 个 byte 数组中
readFully(byte[] b, int off, int len)	读取 b.len 个字节,并存到数组 b 中,第 1 个字节存在 b[off]

表 11.7 列出了 DataInputStream 和 DataOutputStream 的一些常用方法。

表 11.7　DataOutputStream 类常用方法

方　　法	功　　能
size()	返回到目前为止写入此数据输出流的字节数
flush()	清空数据输出流
write(int b)	将参数 b 的八个低位写入基础输出流
writeBoolean(boolean v)	将 boolean 值以 1 字节值形式写入基础输出流
writeByte(int v)	将 v 以 1 字节值形式写出到基础输出流中
writeBytes(String s)	将字符串按字节顺序写出到基础输出流中
writeChar(int v)	将 v 以 2 字节值形式写入基础输出流中
writeChars(String s)	将字符串 s 按字符顺序写入基础输出流
writeInt(int v)	将 v 以 4 字节值形式写入基础输出流中
writeLong(long v)	将 v 以 8 字节值形式写入基础输出流中
writeShort(int v)	将 v 以 2 字节值形式写入基础输出流中
writeDouble(double v)	使用 Double 类中的 doubleToLongBits 方法将 double 参数转换为一个 long 值，然后将该 long 值以 8 字节形式写入基础输出流中
writeFloat(float v)	使用 Float 类中的 floatToIntBits 方法将 float 参数转换为一个 int 值，然后将该 int 值以 4 字节值形式写入基础输出流中

11.2.5　文件

1. 创建文件类对象

File 类用于描述本地文件系统中的文件或目录。表 11.8 列出了文件类中的构造方法。通过这些构造方法，我们可以通过带有路径的文件名、目录名加文件名或 URL 对象创建 File 实例对象。

表 11.8　File 类的构造方法

方　　法	功　　能
File(String pathname)	根据参数 pathname 创建一个新 File 实例
File(String parent, String child)	根据 parent 路径和 child 文件名创建一个新 File 实例
File(URI uri)	根据 URI 对象创建 File 实例

在操作系统中，文件通常会以"路径+文件名"的形式表示。在需要访问某个文件时，只需要知道该文件的路径以及文件的全名即可。在不同的操作系统环境下，文件路径的表示形式是不一样的，例如在 Windows 操作系统中一般的表示形式为 C:\windows\system，而 Unix 上的表示形式为 /user/my。所以如果需要让 Java 程序能够在不同的操作系统下运行，书写文件路径时还需要注意 Java 的开发环境要求。

路径的表示方法通常有两种：绝对路径和相对路径。

绝对路径是指书写文件的完整路径，例如 d:\java\Hello.java，该路径中包含文件的完整路径 d:\java 以及文件的全名 Hello.java。使用该路径可以唯一地找到一个文件，不会产生歧义。但是使用绝对路径在表示文件时，受到的限制很大，且不能在不同的操作系统下运行，因为不同操作系统下绝对路径的表达形式不同。表 11.8 中的第一种构造方法就是通过绝对路径构造 File 对象。例如，我们想构造一个 File 类对象，使其连接 d:\myworkspace\testproject\test\myfile.dat 文件，则可以使用如下语句来完成。

    File myfile=new File("d:\\myworkspace\\testproject\\test\\myfile.dat");

  在这里要注意在 Java 语言的代码内部书写文件路径时，需要注意大小写，大小写需要保持一致，路径中的文件夹名称区分大小写。由于 '\' 是 Java 语言中的特殊字符，所以在代码内部书写文件路径时，'\' 要用 '\\' 或 '/' 代替。例如，在书写路径"c:\test\java\Hello.java"时，需要书写成"c:\\test\\java\\Hello.java"或"c:/test/java/Hello.java"。

  相对路径是从当前位置到要操作文件所经过的路径。例如\test\Hello.java，该路径中只包含文件的相对路径\test 和文件的全名 Hello.java。在 Java 中，相对路径是指当前路径下的子路径，例如当前程序在 d:\abc 下运行，则相对路径\test\Hello.java 所表示的 Hello.java 文件的完整路径就是 d:\abc\test。使用这种形式，可以更加方便地描述文件的位置。在表 11.8 中的第二种构造方法就是采用了这种子路径作为参数的构造方法。如我们想构造个 File 类对象，使其连接 d:\myworkspace\testproject\test\myfile.dat 文件，则可以使用如下语句来完成。

    File myfile=new File("d:\\myworkspace\\testproject", "\test\\myfile.dat");

  当然，我们更习惯于把路径和文件分开，那么如下写法也是合法的。

    File myfile=new File("d:\\myworkspace\\testproject\\test", "myfile.dat");

  在 Eclipse 项目中运行程序时，当前路径是项目的根目录，例如工作空间目录是 d:\myworkspace，当前项目名称是 testproject，则当前路径是 d:\myworkspace\testproject。在控制台下面运行程序时，当前路径是 class 文件所在的目录，如果 class 文件包含包名，则以该 class 文件最顶层的包名作为当前路径。

  如果需要操作的文件是网络上的文件，则可以先创建一个 URL 对象表示文件，然后采用表 11.8 中的第三种构造方法创建文件对象。由于 URL 类我们将在后续章节中详细介绍，所以使用 URL 创建文件对象在这里不再赘述。

2. 使用文件对象

  在创建文件对象以后，我们就可以通过文件对象调用 File 类的成员方法实现很多功能。首先，可以通过创建的文件对象了解文件或目录的属性。表 11.9 列出了 File 类常用的获取文件对象属性的方法。

表 11.9 获取文件和目录属性的方法

方 法	功 能
exists()	判断文件对象表示的文件或目录是否存在
isFile()	判断文件对象是否是一个标准文件
isDirectory()	判断文件对象是否是一个目录
isHidden()	判断文件对象是否是一个隐藏文件
isAbsolute()	判断文件对象是否为绝对路径名
canExecute()	判断文件对象是否可执行
canRead()	判断文件对象表示的文件是否可读
canWrite()	判断文件对象表示的文件可以修改

实验十一　流　和　文　件　·141·

续表

方　法	功　能
getName()	获取文件对象表示的文件或目录的名称
lastModified()	获取文件对象表示的文件的最后一次被修改的时间
length()	获取文件对象表示的文件的长度
getParent()	获取文件对象表示的目录的父目录的路径名字符串；如果此路径名没有指定父目录，则返回 null
getParentFile()	获取文件对象表示的路径的父目录的抽象路径名；如果此路径名没有指定父目录，则返回 null
getPath()	将抽象路径名转换为一个路径名字符串

其次，可以使用文件对象对文件进行一些常用的操作，表 11.10 列出了 File 类中针对文件对象常用的一些操作。

表 11.10　常用文件操作方法

方　法	功　能
createNewFile()	创建一个新的空文件
delete()	删除文件对象表示的文件或目录
renameTo(File dest)	将文件对象改名为参数 dest 对应的文件名
setLastModified(long time)	设置文件或目录的最后一次修改时间
setReadOnly()	设置文件或目录为只读
setWritable(boolean writable)	设置文件或目录可写
createTempFile(String prefix, String suffix)	在默认临时文件目录中创建一个空文件，使用给定前缀和后缀生成其名称
createTempFile(String prefix, String suffix, File directory)	在目录 directory 中创建一个新文件，文件名和扩展名由参数 prefix 和 suffix 指定

另外，可以使用 File 对象对目录进行一些操作，表 11.11 列出了常用的一些目录操作。

表 11.11　常用目录操作方法

方　法	功　能
getTotalSpace()	获取磁盘分区大小
getUsableSpace()	获取磁盘分区上可用的字节数
getAbsolutePath()	获取文件对象的绝对路径名字符串
getFreeSpace()	返回此抽象路径名指定的分区中未分配的字节数
mkdir()	创建文件对象指定的目录
mkdirs()	创建文件对象指定的目录，含所有必需但不存在的父目录

11.3　实　验　内　容

例 11.1　从标准输入设备输入数据。

题目分析：为了从标准输入设备输入数据，不可避免地要用字符型数据的输入流和代表标准输入设备的对象 System.in。为此依据读写算法可写出如下代码。

```java
import java.io.*;
public class eg111 {
    public static void main(String[] args) {
        Reader reader = new InputStreamReader(System.in);
        try {
            for (int i = 0; i < 5; i++) {         // 读入并输出前 5 个字符
                char c = (char) reader.read();
                System.out.print("" + c);
            }
            System.out.println();
            reader.close();
        } catch (IOException ex) {
            ex.printStackTrace();
        }
    }
}
```

程序的运行结果如下：

```
hello world!
hello
```

运行结果分析：

如运行结果所示，程序获取键盘的输入，并输出键盘输入的前五个字符。其中由于 Reader 类是抽象类，所以无法直接使用自己的构造方法生成实例，但用户可以生成其子类 InputStreamReader 类的实例，并把其引用赋给 Reader 类对象 reader。然后在循环中通过 read() 方法获取键盘输入流中的字符。程序中的 System.in 代表标准输入设备。

例 11.2　把一个字符串写到文本文件 h.txt 中。

题目分析：根据题意，由于是写字符串，所以必定用到字符输出流 Writer。根据读写算法可写出如下代码。

```java
import java.io.*;
public class eg11_2 {
    public static void main (String[] args)throws IOException   {
        String str=new String("Hello World!");
        String str1="my name is Java。";
        Writer    fw = new FileWriter("h.txt");    //创建一个 h.txt 文件
        fw.write(str1);                            //通过管道把 str1 写入文件 h.txt
        fw.append(str, 6, 12);                     //把 World! 写入到文件
        fw.close();
    }
}
```

}
```

程序运行后建立的 h.txt 的文件内容如下：

    my name is Java。World!

运行结果分析：

我们通过 Writer 的子类 FileWriter 创建一个写文件的数据流 fw，随后，通过它的 write() 方法把字符串变量 str1 的值写入到文件 h.txt 中，接着通过它的 append()方法把字符串 str 的索引从第 6 到 12 个字符加入到 h.txt 的后面，最后关闭流。所以文件有如上的内容。

**例 11.3** 编写一个类，用以完成文本文件的复制。

题目分析：文本文件的复制操作就是从一个文本文件中读取文件内容并输出到另一个新建的文本文件中。这个过程不可避免地需要使用字符的输入和输出流 InputStreamReader 类和 OutputStreamWriter 类。为了程序的易读性，我们分别编写方法 ReadTest()用来读文件内容，编写方法 writeText()用来把文本写入文件。程序代码如下：

```java
import java.io.*;
public class eg11_3 {
    public static void main(String[] args) throws IOException {
        ReadTest();
        writeText();
    }
    public static void ReadTest() throws IOException {
        InputStreamReader isr = new InputStreamReader(new FileInputStream ("demo.txt"),"GBK");
        char []ch = new char[20];
        int len = isr.read(ch);
        System.out.println(new String(ch,0,len) );
        isr.close();
    }
    public static void writeText() throws IOException {
        OutputStreamWriter osw = new OutputStreamWriter(new FileOutputStream("gbk.txt"), "GBK");
        osw.write("你好吗");
        osw.close();
    }
}
```

程序代码说明：

ReadTest()通过 InputStreamReader 流从 demo.txt 文件中读取一行文字并显示。由于 demo.txt 文件内容的编码字符集是 GBK 编码，所以创建文件输入流的构造方法 FileInputStream()的字符集参数设为"GBK"。再通过 FileInputStream 的实例对象创建 InputStreamReader 对象 isr。语句 int len = isr.read(ch)调用 InputStreamReader 的 read()方法把字符读入 ch 数组中以方便输出。writeText()方法通过 OutputStreamWriter 流输出，由于输出的目标是文件，所以在创建 OutputStreamWriter 对象时采用 new FileOutputStream("gbk.txt") 创建一个匿名的文件输出流对象。并通过 "GBK" 参数指定输出流的字符数据集为 GBK。
```

例 11.4 编程完成图形文件的复制。

题目分析：图形文件的内容是以二进制代码表示的，不可能是字符。因此只能通过字节流相关的 InputStream 和 OutputStream 类来完成文件的读取和写入。我们先通过 FileInputStream 和 FileOutputStream 类为复制的源文件和目标文件各自建立文件输入流对象 fis 和文件输出流 fos，然后把 fis 作为数据源生成字节输入流对象 is，利用 fos 作为字节输出流的目标创建字节输出流 os，最后通过循环执行 read()方法和 write()方法完成文件内容的复制，最后关闭字节流。程序代码如下：

```java
import java.io.*;
public class eg11_4 {
    public static void main(String[] args) throws IOException {
        File file = new File("jpg/j1.jpg");
        File outfile = new File("jpg/j4.jpg");
        FileInputStream fis = new FileInputStream(file);        //文件输入流
        //定义文件输出流
        FileOutputStream fos = new FileOutputStream(outfile);
        InputStream is = new BufferedInputStream(fis);          //字节输入流
        OutputStream os = new BufferedOutputStream(fos);        //字节输出流
        int i = 0;
        while (i != -1) {
            i = is.read();
            os.write(i);
        }
        is.close();
        os.close();
    }
}
```

例 11.5 保存和读取学生档案。

题目分析：保存和读取学生档案，不可避免地会用到字符输入流和字符输出流，但由于涉及到文件的读写，而文件的读写涉及到文件的输入输出流。因此需要使用过滤器流来连接文件和数据源。程序代码如下：

```java
import java.io.*;
public class eg11_5 {
    public static void main(String[] args) throws IOException {
        String filename = "srudent.dat";
        String[] students = { "张三", "李四" };
        int[] ages = { 10, 9 };
        DataOutputStream dout = new DataOutputStream(
                        new FileOutputStream(filename));
        for (int i = 0; i < 2; i++) {    // 用 TAB 符来分隔字段
```

实验十一 流 和 文 件

```
                dout.writeChars(students[i]);
                dout.writeChar('\t');
                dout.writeInt(ages[i]);
                dout.writeChar('\t');
            }
            dout.close();
            DataInputStream din = new DataInputStream(
                            new FileInputStream(filename));
            for (int i = 0; i < 2; i++) {
                StringBuffer name = new StringBuffer();
                char chread;
                // 遇到 TAB 结束 String 字段读取
                while ((chread = din.readChar()) != '\t') {
                    name.append(chread);
                }
                int age = din.readInt();
                din.readChar();        // 丢弃分隔符
                System.out.println("学生" + name + "的年龄：" + age + ".");
            }
            din.close();
        }
    }
```

程序的运行结果如下：

学生张三的年龄：10．
学生李四的年龄：9．

程序分析：

通过 DataOutputStream(new FileOutputStream(filename)) 和 DataInputStream(new FileInputStream(filename))两个构造方法，把过滤输入/输出流和底层输入/输出流相连。然后我们就可以通过过滤输入/输出流进行输入或输出操作了。

例 11.6 编写程序分别创建目录"d:\javaex\workspace\book"和文件 demo.txt、file.txt、1.txt。然后判断 1.txt 是否创建成功，输出文件 file.txt 所在的路径、file.txt 文件的文件名、file.txt 文件的父路径，判断"d:\javaex\workspace\book"是否是目录，file.txt 是否是文件，如果是文件的话该文件的大小是多少，最后输出"d:\javaex\workspace\book"路径下的文件列表。

题目分析：为完成题目要求，首先要建立相关的目录对象和文件对象，然后通过文件类中的相关成员方法获取对应的信息并输出。程序代码如下：

```
import java.io.*;
public class eg11_7 {
```

```java
    public static void main(String[] args) throws IOException {
        // 为当前目录 d:\javaex\workspace\book 创建 File 对象
        File f1 = new File("d:\\javaex\\workspace\\book");
        // 为当前目录下的 demo.txt 文件创建文件对象
        File f2 = new File("demo.txt");
        // 为将创建的文件 file.txt 创建对象
        File f3 = new File("d:\\javaex\\workspace\\book", "file.txt");
        File f4 = new File("1.txt");               // 为已存在的 1.txt 创建对象
        boolean b = f3.createNewFile();            // 创建文件
        System.out.println(f4.exists());           // 判断文件是否存在
        System.out.println(f3.getAbsolutePath());  // 获得文件的绝对路径
        System.out.println(f3.getName());          // 获得文件名
        System.out.println(f3.getParent());        // 获得父路径
        System.out.println(f1.isDirectory());      // 判断是否是目录
        System.out.println(f3.isFile());           // 判断是否是文件
        System.out.println(f3.length());           // 获得文件长度
        String[] s = f1.list();                    // 获得当前文件夹下所有文件和文件夹名称
        for (int i = 0; i < s.length; i++)
            System.out.println(s[i]);
        File[] f5 = f1.listFiles();                // 获得文件对象
        for (int i = 0; i < f5.length; i++)
            System.out.println(f5[i]);
    }
}
```

程序分析：

创建文件和文件夹操作都不是通过一条语句就能够完成的，此类操作首先要创建一个 File 对象(如例中的 f3)，然后通过对象的 createNewFile()和 mkdir()方法创建文件和目录。

11.4 思考题与练习程序

(1) 编写一个类，使其具有通过字符流获取用户在控制台输入姓名，并在控制台输出对此姓名的问候文字。

(2) 编写一个类，实现从键盘输入文字，并把输入的文字保存在指定的文本文件 mydate.txt 中。

(3) 编写一个类，利用字节流实现文件的复制功能。

(4) 编写一个类，统计文本文件 thistext.txt 中出现的"。"的个数。

实验十二 线 程

12.1 实验目的

(1) 了解线程的概念；
(2) 掌握线程程序的创建方法；
(3) 了解线程的状态转换过程；
(4) 掌握线程的调动方法；
(5) 了解线程的同步方法。

12.2 实验预习

线程(Thread)是程序执行流的最小单元。通常，一个程序的运行过程只会从头至尾按照程序逻辑所规定的一条运行线索运行，这种运行方式我们称其为单线程的运行方式。有时为提高系统的利用率，需要同时运行多个线程。

12.2.1 线程的状态

Java 的线程有 5 个状态，它们分别是新建状态、就绪状态、运行状态、消亡状态和阻塞状态。它们的转换过程如图 12.1 所示。

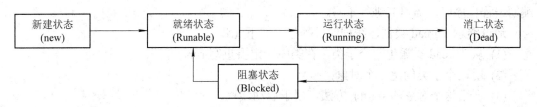

图 12.1 线程各状态之间的转换过程

1. 新建状态

当通过 new 运算符创建一个线程对象时，线程处于新建状态。

2. 就绪状态

在创建完线程对象后，用 start() 方法启动线程，这时线程就处于就绪状态等待执行，并且由系统自动排在就绪线程的队列中。

3. 运行状态

当处理机有空闲时，系统会自动从就绪线程队列中取出队列最前端的线程执行。一旦线程执行则进入运行状态。线程进入运行状态后，程序将自动调用线程对象的 run() 方法，从该方法的第一条语句开始直到方法执行完毕。在这个过程中，除非出现一些特殊情况才会使该线程失去处理机资源的控制权。这些特殊情况主要有如下几种：① 线程运行完毕；② 有比当前线程优先级更高的线程处于就绪状态；③ 线程主动睡眠一段时间；④ 线程在等待某一资源。

4. 阻塞状态

在线程运行过程中如果因上述原因导致线程无法继续执行时，线程会交出处理机的控制权进入阻塞状态，当中断线程运行的原因解除后，线程会进入就绪状态重新排入就绪等待系统资源的队列。线程在以下几种情况下会进入阻塞状态：① 调用 sleep() 方法或 yield() 方法；② 为等候一个条件，线程调用 wait() 方法；③ 该线程与另一个线程 join 在一起。

5. 消亡状态

如果线程在运行过程中没有发生任何中断现象,则线程在运行完成后会进入消亡状态。当线程处于消亡状态且没有该线程的引用时，系统的垃圾处理器会从内存中删除该线程对象回收内存空间。

12.2.2 线程的创建

创建一个线程常用的方法有两种，一种是继承 Thread 类，并重写类中的 run() 方法；另一种是用户在自己定义的类中实现 Runnable 接口。无论用哪种方法创建线程都需要用到 Thread 类中的相关方法。

1. 通过继承 Thread 类创建线程

Thread 类在 JDK 中的完整名称是 java.lang.Thread。它属于 java.lang 包并已经实现了 Runnable 接口。Thread 最重要的方法是 run()，它是一个线程的核心，线程所要完成的任务对应的代码都定义在 run() 方法中。在 Thread 类中，run() 方法的代码称为线程体。我们在编写线程程序时，需对其进行重写。

通过继承 Thread 类创建线程的过程包含如下几步。

(1) 从 Thread 类派生一个子类，在类中一定要重写 run() 方法；

(2) 用这个子类创建一个对象；

(3) 调用这个对象的 start() 方法，用于启动线程。

其一般的线程代码的结构如下：

```
class MyThread extends Thread{
    成员变量;
    成员方法;
    public void run(){
        //线程需要完成的功能对应的代码
    }
}
```

```
public class TestThread {
    public static void main(String[] args) {
        MyThread thread1=new MyThread();
        //使用 start 方法启动线程
        thread1.start();
    }
}
```

2. 用 Runnable 接口创建线程

在 JDK 中，Runnable 接口位于 java.lang 包中，它只提供了一个抽象方法 run()的声明。用 Runnable 接口实现线程功能需要完成如下几步。

(1) 在定义自己的类时说明该类继承 Runnable 接口。
(2) 在类定义中实现 run()方法。
(3) 在调用线程的类中建立自定义的类的实例对象 R。
(4) 在调用线程的类中用 Thread 类的构造方法 Thread(R)通过对象 R 来创建线程对象。
(5) 调用线程对象的 start()方法，启动线程。

其一般代码格式如下：

```
class MyThread implements Runnable{
    成员变量;
    成员方法;
    public void run(){
        //线程需要完成的功能对应的代码
    }
}
public class TestThread {
    public static void main(String[] args) {
        MyThread t=new MyThread(); //创建实现 Runnable 接口的类的对象
        //通过实现 Runnable 接口的类的对象创建线程类对象
        Thread thread1=new Thread(t1);
        //使用 start 方法启动线程
        thread1.start();
    }
}
```

因为 Runnable 接口中的 run()方法仅有一个方法声明，因此在类中一定要实现 run()方法。实现 Runnable 接口的类 MyThread 由于仅具有 run()方法，所以无法单独地启动和运行，这就需要在主类中通过 Thread 类的构造方法，利用 MyThread 类的对象创建一个 Thread 对象，才能正常启动我们定义的线程。这就是框架中的"MyThread t=new MyThread();"语句和"Thread thread1=new Thread(t1);"语句所完成的功能。

另外，如果程序中不需要操作自定义类的对象的引用时，则可以使用创建匿名对象的方法，如使用语句"Thread thread1=new Thread(new MyThread());"来创建线程对象。

12.2.3 线程的基本操作

在多个线程同时运行的过程中，经常会遇到线程的调度、线程的同步、线程间的通信和共享数据等问题。

为解决这些问题，Java 在 Thread 类中为线程预定义了一些完成基本操作的成员方法。它们涉及到线程的启动、运行、终止、阻塞和同步等操作。

常用的方法如表 12.1 所示。

表 12.1 线程类中的常用方法

方法名	功 能
start()	启动线程对象
run()	定义线程体，即定义线程启动后所执行的操作
wait()	使线程处于等待状态
isAlive()	测试线程是否在活动
setPriority(int priority)	设置线程的优先级
yield()	强行终止线程的执行
sleep(int millsecond)	使线程休眠一会，时间长短由参数 millsecond 决定，单位是毫秒
join(long millis)	等待该线程终止。等待该线程终止的时间最长为 millis 毫秒

1. 线程启动

创建线程后，可以调用线程的 start()方法启动线程。在使用 Runnable 接口实现线程时，由于 Runnable 接口中没有定义和声明 start()以及除 run()方法以外的其他方法，所以在使用时，需要将实现 Runnable 接口的对象作为一个构造方法的参数传递给一个已经实例化的 Thread 对象。

2. 线程的调度

当多个线程同时运行时，就需要系统对线程进行调度，以优化处理机资源的使用效率。Java 的线程调度策略采用优先级策略，其基本原则如下：

(1) 多线程系统会自动为每个线程分配一个优先级，默认状态下是继承父类的优先级。

(2) 优先级高的线程先执行，优先级低的线程后执行。

(3) 任务紧急的线程，其优先级较高。

(4) 优先级相同的线程，按先进先出的原则排队运行。

(5) 线程的优先级分为 10 级，在线程类 Thread 中，Java 设置了 3 个和优先级相关的静态量。

① MAX_PRIORITY：表示线程可以具有的最高优先级，值为 10。

② MIN_PRIORITY：表示线程可以具有的最低优先级，值为 1。

③ NORM_PRIORITY：表示分配给线程的默认优先级，值为 5。

新线程的默认优先级是 Thread.NORM_PRIORITY。如果程序员想修改线程的优先级，可以通过 Thread 类中的成员方法 setPriority(int priority)实现。如果仅仅是把线程的优先级设置为最高、最低或默认值，则可在使用 setPriority()方法时设置它的参数 priority 为 Thread.MAX_PRIORITY、Thread.MIN_PRIORITY 或 Thread.NORM_PRIORITY。

事实上，在 Java 中，所有就绪且没有运行的线程会根据线程的优先级大小和就绪时间先后排成一个就绪线程队列，其中优先级高的线程排在前面，优先级相同时，就绪时间早的线程排在前面。同样地，在运行过程中被阻塞的线程也会排成一个阻塞线程队列。当处理机空闲时，如果就绪线程的队列不为空，则运行就绪队列中最前面的线程。当一个正在运行的线程被其他高优先级的线程抢占而停止运行时，它的运行状态被改变为阻塞，并自动放到阻塞队列的队尾，当阻塞的线程解除阻塞后，会自动被放到就绪队列的队尾。因此程序员在设计多线程程序时需要注意合理安排不同线程之间的优先级和运行顺序，否则会导致某个线程很难得到运行机会。

Thread 包中还提供了一些主动调度线程的方法。

1) yield()方法

它可以使处在运行状态的线程让出正在占用的处理机资源，给其他同等优先级线程一个运行的机会。如果在就绪队列中有其他优先级的线程，yield()把被其阻塞的线程放入就绪队列队尾，并允许其他线程运行；如果没有这样的线程，yield()不做任何工作。

2) sleep()方法

sleep()方法也可以阻塞线程的运行。与 yield()方法不同的是，sleep()方法可以设定被阻塞的时间，同时在使用 sleep()方法使线程阻塞时，还会允许其他优先级低的线程运行，而 yield()方法仅会给其他同等优先级线程运行的机会。

3) join()方法

编程时我们经常会遇到这样的情况：主线程生成并启动了子线程，如果在子线程中要进行大量耗时的运算，主线程往往将在子线程之前结束，但是如果主线程处理完其他的事务后，需要用到子线程的处理结果，也就是主线程需要等待子线程执行完成之后再结束，这个时候就需要在主线程执行过程中阻塞一段时间以等待子线程运行结束。

这种情况可以用 join()方法来解决。join()方法的作用是等待线程终止，也就是主线程等待调用 join()的线程终止。

为实现这种功能，Java 提供了保留字 synchronized 和 Thread 类提供的 wait()、notify()和 notifyAll() 等方法来完成这些工作。

4) 保留字 synchronized

Synchronized 是声明对象需要同步的保留字，其作用是使被声明的方法处于同步使用状态。Synchronized 保留字写在方法前，用于向程序说明该方法处于同步状态。为说明 Synchronized 保留字的使用，我们先介绍一下临界区和对象锁的概念。

(1) 临界区。在 Java 中我们称多线程并发运行时，线程访问相同对象的代码段为临界区。临界区可以是一个代码块或一个方法。Synchronized 保留字通常写在临界区方法前，用于向程序说明临界区的代码段需要处于同步状态。

(2) 对象锁。Java 运行系统在执行具有保留字 synchronized 声明的方法时，会为每个处于临界区的对象分配唯一的对象锁。任何线程访问一个对象中被同步的方法前，首先要取得该对象的对象锁；同步方法执行完毕后，线程会释放对象的对象锁。因此当一个线程调用对象中被同步的方法来访问对象时，这个对象就会被锁定。由于该线程已经取得了该对象唯一的对象锁，在该线程退出同步方法(交出对象锁)之前，其他线程不能再调用该对象中任何被同步的方法。

5) wait()方法

wait()方法用来阻塞当前的线程，同时交出对象锁，从而使其他线程可以取得对象锁。还可以使用如下格式指定线程的等待时间。

  wait(long timeout)

  wait(long timeout,int nanos)

6) notifyAll()方法

notifyAll()方法唤醒等待状态的所有线程，被唤醒的线程会去竞争对象锁，当其中的某个线程得到锁之后，其他的线程重新进入阻塞状态，Java 也提供了 notify()方法让某个线程离开等待状态，但这个方法很不安全，因为程序员无法控制让某个线程离开阻塞队列。如果让一个不合适的线程离开等待队列，它也可能无法向前运行。因此建议使用 notifyAll()方法，让等待队列上的所有和当前对象相关的线程离开阻塞状态。

12.2.4 线程组

Java 的线程组由 java.lang 包中的 ThreadGroup 类实现。线程组是包括许多线程的对象集，线程组拥有一个名字以及与它相关的一些属性，可以用于管理一组线程。线程组能够有效组织 JVM 的线程，并且可以提供一些组件的安全性。

在 Java 中，所有线程和线程组都隶属于一个线程组。这个线程组可以是一个默认线程组，也可以是一个创建线程时明确指定的组。若创建多个线程而不指定一个组，它们就会自动归属于系统线程组。这样所有的线程和线程组组成了一棵以系统线程组为根的树。

Thread 类中提供了构造方法使创建线程时同时决定其线程组。其构造方法格式如下：

  Thread(ThreadGroup group, String name)

通过这个构造方法可以创建一个 Thread 对象，将指定的参数 name 作为其名称，并作为参数 group 所引用的线程组的一员。

如果在构造线程时没有为线程指定线程组，则系统默认该线程属于 main 线程组。一旦线程指定了线程组，则该线程只能访问本线程组。对线程组的操作就是对组中各个线程同时进行操作。

Java 的 ThreadGroup 类提供了一些方法来方便用户对线程组和线程组中的线程进行操作，比如，可以通过调用线程组的方法来设置其中所有线程的优先级，也可以启动和阻塞一个线程组的所有线程。

线程组的构造方法有两个。

1. 构造一个新线程组

方法格式：

  ThreadGroup(String name)

说明：使用此方法创建一个新线程组，并且以参数 name 的值作为线程组的名字。此线程组的父线程组是目前正在运行线程的线程组。

2. 创建一个指定父线程组的线程组

方法格式：

ThreadGroup(ThreadGroup parent, String name)

说明：参数 parent 表示新建线程组的父线程组名，参数 name 说明了新建的线程组的名字。

表 12.2 列出了线程组常用的一些方法。

表 12.2 线程组中的常用方法

方 法 名	说 明
getName()	返回此线程组的名称
getParent()	返回此线程组的父线程组
getMaxPriority()	返回此线程组的最高优先级。作为此线程组一部分的线程不能拥有比最高优先级更高的优先级
isDaemon()	测试此线程组是否为一个后台程序线程组
isDestroyed()	测试此线程组是否已经被销毁
setDaemon(boolean daemon)	更改此线程组的后台程序状态
setMaxPriority(int pri)	设置线程组的最高优先级。线程组中已有较高优先级的线程不受影响
interrupt()	中断此线程组中的所有线程
parentOf(ThreadGroup g)	测试线程组是否为参数 g 或 g 的祖先线程组之一
toString()	返回此线程组的字符串表示形式
activeCount()	返回此线程组中活动线程的估计数。结果并不能反映并发活动，并且可能受某些系统线程的存在状态的影响

在创建线程之前，可以先创建一个 ThreadGroup 对象。比如下面的代码可创建一个名为 mythreadgroup 的线程组对象 myGroup，然后向线程组中加入两个线程 thread1 和 thread2，并启动这两个线程。

```
ThreadGroup myTGroup=new ThreadGroup("mythreadgroup");
Thread thread1=new Thread(myTGroup,"t1");
Thread thread2=new Thread(myTGroup,"t2");
thread1.start();
thread2.start();
```

12.3 实 验 内 容

例 12.1 通过创建 Thread 的子类来建立线程，输出一条语句。

题目分析：为检验建立的线程，在定义自己的线程后，再编写一个运行线程的测试类。程序代码如下：

```
class MyThread extends Thread {
    String name = new String();          //定义线程名称成员变量
    public MyThread(String n) {          //重载构造方法
```

```java
            name = n;
        }
        public void run() {                              //重写 run()方法
            for (int i = 0; i < 3; i++) {
                System.out.println(name + "号线程在运行");
                try {
                    sleep(1000);
                } catch (InterruptedException e) {
                    e.printStackTrace();
                }
            }
            System.out.println(name + "号线程已结束");
        }
    }
    /** 主程序部分*/
    public class eg12_1 {
        public static void main(String[] args) {
            MyThread thread1 = new MyThread("1");
            MyThread thread2 = new MyThread("2");
            thread1.start();
            thread2.start();
        }
    }
```

程序的运行结果如下：
1号线程在运行
2号线程在运行
1号线程在运行
2号线程在运行
1号线程在运行
2号线程在运行
2号线程已结束
1号线程已结束

运行结果分析：

如例 12.1 所示，自定义线程类 MyThread 是 Thread 类的子类并重载了 run()方法。在方法中循环三次显示输出线程的名称，并在每次显示中让计算机停留(线程沉睡)1 秒钟，以便多线程调用时可以看出线程的调用过程。在主类 eg12_1 中，我们创建了两个线程，thread1 和 thread2，并通过 start()方法使其运行。程序中的 sleep()方法用来控制线程的休眠时间，如果这个线程已经被别的线程中断，则会产生 InterruptedException 异常，因此 sleep()方法写在了一个 try-catch 语句中，用于实现对 InterruptedException 异常的处理。sleep()方法参数的单位是毫秒，表示当前运行的线程制定休眠时间。其中语句 System.out.println(name + "

号线程已结束")用来表示线程运行结束。

例 12.2 建立线程，输出一条语句。要求自定义线程需继承 Runnable 接口，在代码中体验匿名线程的创建方法，以及自定义线程和土线程 main 的关系。

题目分析：因为要继承 Runnable 接口，则必须重写 run()方法。程序代码如下：

```java
class MyThread implements Runnable   {
    String name = new String();
    public MyThread(String n) {
        name = n;
    }
    public void run() {
        for (int i = 0; i < 3; i++) {
            System.out.println(name + "号线程在运行");
            try {
                Thread.sleep(1000);
            } catch (InterruptedException e) {
                e.printStackTrace();
            }
        }
        System.out.println(name + "号线程已结束");
    }
}
public class eg12_2 {
    public static void main(String[] args) {
        MyThread t1 = new MyThread("1");
        Thread thread1=new Thread(t1);
        Thread thread2=new Thread( new MyThread1("2"));
        thread1.start();
        thread2.start();
        System.out.println("主方法 main 运行结束");
    }
}
```

程序的运行结果如下：

```
主方法main运行结束
1号线程在运行
2号线程在运行
1号线程在运行
2号线程在运行
1号线程在运行
2号线程在运行
1号线程已结束
2号线程已结束
```

运行结果分析：

在主类 eg12_2 中创建了一个 MyThread 对象 t1，为了让 t1 启动通过 new Thread(t1)创建成线程类 thread1 然后使用。由于在线程操作中，直接操作对象 MyThread 对象没有意义，所以也可以通过语句"Thread thread2=new Thread(new MyThread1("2"));"创建一个匿名的 MyThread 对象，并通过该对象创建线程 thread2 对象。

在运行时 main()方法的最后一个语句"System.out.println("主方法 main 运行结束");"看似应该最后运行，但实际情况是，其运行结果在第一行就输出了。这是因为 main()方法本身也是一个默认线程，在运行完 thread2.start()语句后，就直接输出了"主方法 main 运行结束"。因为这时新创建的线程 thread1 和 thread2 还在等待处理资源的一些激活过程，所以往往是 main()方法所在的主线程先运行。因为它不需要启动激活，而线程 thread1 和 thread2 都是新创建而且它们的休眠时间一样，所以是交替运行。

例 12.3 设计实现可以显示当前系统的年月日、星期以及准确时间，并实时更新显示的数字时钟。

题目分析：为实现时钟的实时更新，则需要每隔一段时间刷新一下窗体。而这一功能只能通过线程来实现。为此，自定义的类需继承 Runnable 接口，使其具有线程的功能。由于日期、星期是相对固定的，所以程序在构造方法中把日期和星期的文字在标签中输出。系统时间由于要随时更新，所以把生成系统时间标签放在了 run()方法中。程序代码如下：

```java
import javax.swing.*;
import java.awt.*;
import java.awt.Font;
import java.text.SimpleDateFormat;
import java.util.Date;
public class eg12_3 extends JFrame implements Runnable {
    private static final long serialVersionUID = 1L;
    private JLabel date;
    private JLabel time;
    public eg12_3() {              //初始化图形界面
        this.setVisible(true);
        this.setTitle("数字时钟");
        this.setSize(282, 176);
        this.setLocation(200, 200);
        this.setResizable(true);
        JPanel panel = new JPanel();
        getContentPane().add(panel, BorderLayout.CENTER);
        panel.setLayout(null);
        time = new JLabel();          //时间标签
        time.setBounds(31, 54, 196, 59);
        time.setFont(new Font("Arial", Font.PLAIN, 50));
        panel.add(time);
```

```
            date = new JLabel();           //日期标签
            date.setFont(new Font("微软雅黑", Font.PLAIN, 13));
            date.setBounds(47, 10, 180, 22);
            panel.add(date);
        }
        public void run() {                //用一个线程来更新时间
            while (true) {
                try {
                    date.setText(new SimpleDateFormat( //设置时间格式
                        "yyyy 年 MM 月 dd 日    EEEE").format(new Date()));
                    time.setText(     //设置系统时间标签 time 的文本
                        new SimpleDateFormat("HH:mm:ss").format(new Date()));
                } catch (Throwable t) {
                    t.printStackTrace();
                }
            }
        }
        public static void main(String[] args) {
            Thread thread=new Thread(new eg12_3());
            thread.start();             // 线程启动
        }
    }
```

图 12.2 运行结果

程序的运行结果如图 12.2 所示。

运行结果分析：

在主程序中使用 Thread thread=new Thread(new eg12_3())语句创建 thread 线程，然后在 thread.start()语句中调用 start()方法启动线程。以此来实现动画。

例 12.4 编程演示线程优先级的设置。

题目分析：为演示线程优先级的区别，在 main()方法中，首先创建两个线程 t1 和 t2，并设置线程 t2 的优先级为最高优先级，这样就保证了线程 t2 的优先级不会低于线程 t1。然后先运行 t1，后运行 t2，可从结果上看显然是 t2 先运行了。这就说明优先级高的线程会优先运行。程序代码如下：

```
    class MyTre extends Thread {
        public MyTre(String n) {
            super(n);
        }
        public void run() {
            for (int i = 0; i < 3; i++) {
                System.out.println(this.getName() + "号线程在运行");
            }
```

```
                System.out.println(this.getName() + "号线程已结束");
            }
    }
```
用于测试的主程序类。
```
public class eg12_4 {
    public static void main(String[] args) {
        MyTre t1=new MyTre("1");
        MyTre t2=new MyTre("2");
        t2.setPriority(Thread.MAX_PRIORITY);
        t1.start();
        t2.start();
    }
}
```
程序的运行结果如下：
2号线程在运行
2号线程在运行
2号线程在运行
2号线程已结束
1号线程在运行
1号线程在运行
1号线程在运行
1号线程已结束

运行结果分析：

在测试类 eg12_4 中，首先定义 t1 为 1 号线程，t2 为 2 号线程。然后设定 2 号线程的优先级为最高。最后分别运行 t1，t2。由于线程的功能就是输出"n 号线程在运行" 3 次后输出"n 号线程已结束"字样。由于设定 2 号线程优先级最高，所以虽然程序中先启动 1 号线程，但仍会先运行 2 号线程，然后才运行 1 号线程。

例 12.5 编程体会通过 join() 方法来协调线程之间的运行关系。

题目分析：为体会 join()的功能，我们首先定义了两个线程类 AThread 和 BThread，并在类中设置标识启动、运行和结束的语句。在 AThread 类中的 run()方法中调用了 BThread 类的线程 bt，说明 AThread 线程的运行需要 BThread 线程的参与。在 main()方法中分别建立 BThread 类实例对象 bt 和 AThread 类实例对象 at。先启动 bt，阻塞主线程 main() 2 秒，然后启动 at，由于执行了 at.join() 方法，所以主线程 main()必须等待 at 线程终止后才能结束运行。因此运行结果出现运行结果 1 的现象。如果注释掉 at.join() 方法，则主线程 main()不必等待 at 运行结束，就会出现运行结果 2 的情况。程序代码如下：
```
class AThread extends Thread {        //定义线程类 Athread
    BThread bt;
    public AThread(BThread bt) {
        super("线程 at");
```

```java
            this.bt = bt;
        }
        public void run() {
            String threadName = Thread.currentThread().getName();
            System.out.println(threadName + " 启动.");
            try {
                bt.join();
                System.out.println(threadName + " 结束.");
            } catch (Exception e) {
                System.out.println("Exception from " + threadName + ".run");
            }
        }
    }

class BThread extends Thread {        /////定义线程类 AThread
    public BThread() {
        super("线程 bt");
    };
    public void run() {
        String threadName = Thread.currentThread().getName();
        System.out.println(threadName + " 启动.");
        try {
            for (int i = 0; i < 5; i++) {
                System.out.println(threadName + " 循环 " + i+"次");
                Thread.sleep(1000);
            }
            System.out.println(threadName + " 结束.");
        } catch (Exception e) {
            System.out.println("Exception from " + threadName + ".run");
        }
    }
}
/* 主线程类 */
public class eg12_5 {
        public static void main(String[] args) {
            String threadName = Thread.currentThread().getName();
            System.out.println(threadName + " start.");
            BThread bt = new BThread();
            AThread at = new AThread(bt);
```

```
            try {
                bt.start();
                Thread.sleep(2000);
                at.start();
                at.join();        //注释掉在此处对join()的调用则会导致运行结果2
            } catch (Exception e) {
                System.out.println("Exception from main");
            }
            System.out.println(threadName + " end!");
        }
    }
```

程序的运行结果如下：

运行结果 1:　　　　　　运行结果 2:

```
main start.            main start.
线程bt 启动.            线程bt 启动.
线程bt 循环 0次         线程bt 循环 0次
线程bt 循环 1次         线程bt 循环 1次
线程at 启动.            main end!
线程bt 循环 2次         线程at 启动.
线程bt 循环 3次         线程bt 循环 2次
线程bt 循环 4次         线程bt 循环 3次
线程bt 结束.            线程bt 循环 4次
线程at 结束.            线程bt 结束.
main end!              线程at 结束.
```

运行结果分析：

先显示"main start"是因为首先运行了主线程。接着程序先启动线程 bt，然后阻塞 bt 线程 2 秒后再启动线程 at。由于在线程 at 的定义中通过 join() 方法加入了 bt 线程，所以启动线程 at 后知道 bt 线程运行结束，at 线程才能运行结束。但由于 at 线程和 bt 线程都和 mian 线程无关系，所以 main 线程可能会在 at 和 bt 线程结束前结束，也可能会在 at 和 bt 线程结束后结束，这也是两次运行结果不同的原因。

12.4　思考题与练习程序

(1) 通过继承 Thread 类的方法创建一个求圆面积的线程 CThread。
(2) 通过继承 Runable 接口的方法创建一个求矩形面积的的线程 RThread。
(3) 编写一个能够模拟银行存取款的多线程程序。

实验十三 网络编程

13.1 实验目的

(1) 了解网络编程相关的类；
(2) 掌握从网络上获取网页数据的方法；
(3) 掌握 Socket 网络通信程序的结构。

13.2 实验预习

Java 被称为 Internet 上的语言，它非常适合编写运行在网络环境下的程序。通过 Java API 提供的网络类库，可以轻松地编写各种网络应用程序。

13.2.1 网络编程基本知识

1. TCP 协议

TCP 协议称为传输控制协议，它的主要功能是在端点与端点之间建立持续的连接而进行通信。建立连接后，发送端将发送的数据打包并加上序列号和错误检测代码，然后以字节流的方式发送出去。接收端则首先接收到数据，然后对数据进行错误检查并按照序列号将接收的数据包按顺序整理好，如果出现错误的数据则要求重传，直到接收到的数据完整无缺为止。

2. UDP 协议

UDP 协议称为用户数据报协议，在利用 UDP 传输时，需要将传输的数据定义成数据报(Datagram)，在数据报中指明数据所要到达的端点，然后再将数据报发送出去。这种传输方式是无序的，也不能确保绝对的安全可靠，但它具有简单高效的特点。

3. IP 协议

IP 协议是 TCP/IP 协议族中网络层的主要协议。它规定每台连入 Internet 的主机必须具备一个唯一的地址，以此来识别主机在网络中的位置。IP 地址有 IPv4 和 IPv6 两个版本，在这里 IPv4 版本采用 32 位二进制数表示 IP 地址，IPv6 采用 128 位二进制数表示 IP 地址。就现在常用的 IPv4 地址来说，它的常用表示方法是采用点分十进制的表示方式，把 32 位二进制数分成 4 段，每段 8 位，用一个十进制数表示，这些十进制数介于 0~255 之间，如 172.16.92.12。

4. DNS

DNS 称为域名系统，把用户难记的 IP 地址转换为相对有意义的域名。域名有一定的结构，一般形式如下：

主机名.组织名.组织类型名.顶级域名

域名是互联网上网络地址的助记名，它是统一资源定位器 URL 的重要组成部分。

5. Socket

Socket 被称作"套接字"，它是一个通信链的句柄，用于处理数据的接收与发送。应用程序通常通过 Socket 向网络发出请求或者应答网络请求。在 Internet 上的主机一般会同时运行多个服务软件，同时提供若干种服务。每种服务都打开一个 Socket，并绑定到一个端口上，不同的端口对应于不同的服务。

6. 端口

在网络通信过程中，IP 地址和端口号为应用程序提供了一种确定的地址标识，IP 地址标识 Internet 上的计算机，而端口号决定将数据包发送给目的计算机上的哪个应用程序。每个 Socket 都有其对应的端口号，端口号是一个 16 位的二进制整数，其范围为 0～65 535，其中 0～1023 为系统所保留，专门用于那些通用的网络服务，如 http 服务的端口号为 80，FTP 服务的端口号为 23 等。

13.2.2 URL 编程

统一资源定位器(Uniform Resource Locatior，URL)，是在 Internet 上用来访问和获取各种资源的通用手段。一个完整的 URL 格式如下：

协议名：//主机名[:端口号[路径/文件名]]

其中，协议名：指明获得资源所使用的传输协议，如 http、ftp、file、gopher 等。

主机名：指文件所在的计算机的域名或 IP 地址，如 www.baidu.com。

端口号：指提供服务的应用所提供的访问端口，例如 http 服务端口默认为 80，FTP 服务的默认端口为 21。

路径/文件名：指资源在主机上的路径和文件名组成的一个内部引用。

比如 URL 地址 http://tv.cctv.com/2017/12/09/VIDEkA16AVXeFxGucgx7bwjw171209.shtml 中的"路径/文件名"是"/2017/12/09/VIDEkA16AVXeFxGucgx7bwjw171209.shtml"。它说明文件"VIDEkA16AVXeFxGucgx7bwjw171209.shtml"保存在主机根目录下的"/2017/12/09"路径下。在 Java 中我们通常把"路径+文件名"统称为文件名。

URL 编程通常使用系统类库中的 InetAddress 类、URL 类和 URLConnection 类。其中 InteAddress 类表示 IP 地址，可用于标识网络的硬件资源。InteAddress 的子类 Inte4Address 和 Inte6Address，分别用来表示 IPv4 和 IPv6 地址。URL 类描述了网络资源的 URL 标识和协议处理程序。URLConnection 类是一个抽象类，代表着 URL 指定的网络资源的动态连接。在访问 URL 资源的客户端和提供 URL 资源的服务器交互时，URLConnection 类可以比 URL 类提供更多的控制和信息。

InetAddress 类没有构造方法,要创建 InetAddress 类的实例对象,需使用 InetAddress 类的静态方法来构造。使用如下语句创建一个 InetAddress 实例。

    byte [] addr={118,16,92,12};

    InetAddress interadd=InetAddress. getByAddress(addr);

还可以通过 InetAddress.getAllByName(String host)方法获取主机 host 的 InetAddress 对象。其中 host 参数可以是主机的域名。如果要获取当前主机的 InetAddress 对象，可以使用 InetAddress. getLocalHost()方法。

表 13.1 列出了 InteAddress 类的一些常用的成员方法。通过这些方法，我们可以根据 DNS 协议和 IP 协议获取 IP 地址或域名。

表 13.1 InteAddress 类的常用成员方法

方　　法	说　　明
getAddress()	返回此 InetAddress 对象的原始 IP 地址
getCanonicalHostName()	获取此 IP 地址的完全限定域名
getHostAddress()	返回 IP 地址字符串(以文本表现形式)
getHostName()	获取此 IP 地址的主机名
getLocalHost()	返回本地主机
toString()	将此 IP 地址转换为 String

在程序中获得 URL 对象的常用方法有两种。

(1) 通过调用 URL 对象的 toURL()方法。

(2) 调用 URL 构造方法。

表 13.2 列出了 URL 类的常用构造方法。

表 13.2 URL 类的常用构造方法

方　　法	说　　明
URL(String spec)	根据 String 表示形式创建 URL 对象
URL(String protocol, String host, int port, String file)	根据协议名、主机名、端口号和文件名创建 URL 对象
URL(String protocol, String host, String file)	根据协议名称、主机名称和文件名称创建 URL
URL(URL context, String spec)	通过给定的 spec 对指定的上下文解析创建 URL

下面给出了几种构造方法构造 URL 对象的语句。

(1) 采用 URL(String spec)方法。

    URL url = new URL("http://www.baidu.com");

(2) 采用 URL(String protocol, String host, int port, String file)方法。

    URL url2=new URL("http" , "www.gamelan.com", 80, "Pages/Gamelan.network.html");

(3) 采用 URL(String protocol, String host, String file)方法。

    URL url3=new URL("http", "www.gamelan.com", "/pages/Gamelan.net. html");

(4) 采用 URL(URL context, String spec)方法。

    URL url4 = new URL(url, "/index.html?usrname=lqq#test");

一旦拥有 URL 对象，就可以使用 URL 的实例方法获取 URL 的各种信息和对 URL 所指向的资源进行操作。其中 URL 类常用的方法如表 13.3 所示。

表 13.3　URL 类的常用实例方法

方　　法	说　　明
getContent()	获取 URL 的内容
getDefaultPort()	获取与 URL 关联协议的默认端口号
getFile()	获取 URL 的文件名
getHost()	获取 URL 的主机名
getPath()	获取 URL 的路径部分
getPort()	获取 URL 的端口号
getProtocol()	获取 URL 的协议名称
getQuery()	获取 URL 的查询部分
toURI()	返回与 URL 等效的 URI
toString()	构造 URL 的字符串表示形式
openStream()	打开到 URL 的连接并返回一个用于从该连接读入的 InputStream
openConnection()	返回一个 URLConnection 对象，它表示到 URL 所引用的远程对象的连接
openConnection(Proxy proxy)	与 openConnection()类似，所不同是连接通过指定的代理建立；不支持代理方式的协议处理程序将忽略该代理参数并建立正常的连接
set(String protocol, String host, int port, String file, String ref)	设置 URL 的字段。protoco 是协议名，host 是主机名，port 是端口号，file 是资源文名，ref 是 URL 中的内部引用名

　　URLConnection 类是一个抽象类，代表着 URL 指定的网络资源的动态连接。在访问 URL 资源的客户端和提供 URL 资源的服务器交互时，URLConnection 类可以比 URL 类提供更多的控制和信息。由于 URLConnection 是抽象类，所以我们无法直接使用构造方法创建 URLConnection 对象。我们可以调用 URL 对象的 openConnection()方法创建这个 URL 对象相关的 URLConnection 对象。openConnection()方法的返回值就是 URLConnection 的一个具体实现的实例对象。

　　使用 URLConnection 对象的一般方法如下：

　　(1) 创建一个 URL 对象；

　　(2) 调用 URL 对象的 openConnection() 方法创建这个 URL 的 URLConnection 对象；

　　(3) 配置 URLConnection；

　　(4) 读首部字段；

　　(5) 获取输入流并读数据；

　　(6) 获取输出流并写数据；

　　(7) 关闭连接。

　　URLConnection 类通过成员方法可以向程序提供一些标题信息，这些方法如表 13.4 所示。

表 13.4　URLConnection 类的常用方法

方　　法	说　　明
getContentType()	获取文件类型
getContentLength()	获取文件长度
getDate()	获取文件创建时间
getLastModified()	获取文件最后修改时间
getExpiration()	获取文件过期时间
getURL()	获取连接的 URL
getContent()	获取连接的内容
getInputStream()	获取连接的输入流
getOutputStream()	获取连接的输出流

13.2.3　socket 编程

在设计基于客户端—服务器模型的通信程序时，最常使用的方法就是利用 Socket 来实现。主要涉及 Socket 类和 ServerSocket 类。

1．Socket 类

Socket 类属于 java.net 包，程序员可以很方便地通过该类的方法编写与套接字相关的程序。通常套接字分为客户端和服务器端两部分。常用的构造方法如下：

(1) 创建未连接套接字。

方法格式：Socket()

说明：创建一个空的、未连接的套接字。

(2) 创建一个连接到指定 IP 地址和端口的套接字。

方法格式：Socket(InetAddress address, int port)

说明：InetAddress 类参数 address 提供 IP 地址，port 表示端口号。

(3) 创建一个连接到指定地址上的指定端口的套接字。

方法格式：Socket(InetAddress address, int port, InetAddress localAddr, int localPort)

说明：address 表示远程的 IP 地址，localAddr 表示本地的 IP 地址，port 表示远程的端口，localAddr 表示本地的端口。

(4) 创建一个指定主机和端口号的套接字。

方法格式：Socket(String host, int port)

说明：参数 host 表示建立套接字的主机名，或者为 null，表示回送地址。参数 port 表示端口号。

(5) 创建一个指定远程主机上的指定远程端口的套接字。

方法格式：Socket(String host, int port, InetAddress localAddr, int localPort)

说明：参数 host 表示需要连接的远程主机名，参数 port 表示需要连接的远程主机端口号，参数 localAddr 表示本地主机名，参数 localPort 表示本地端口号。

在 Socket 类中分别为这两部分涉及到的功能设置了若干方法，如表 13.5 所示。

表 13.5 Socket 类的常用实例方法

方　　法	说　　明
bind(SocketAddress bindpoint)	将套接字绑定到本地地址
getInetAddress()	返回套接字连接的地址
getPort()	返回套接字连接到的远程端口
getLocalPort()	返回套接字绑定到的本地端口
getLocalAddress()	获取套接字绑定的本地地址
getInputStream()	返回套接字的输入流
getOutputStream()	返回套接字的输出流
connect(SocketAddress endpoint)	将套接字连接到服务器
connect(SocketAddress endpoint, int timeout)	将套接字连接到服务器，并指定一个超时值
close()	关闭套接字

2. ServerSocket 类

ServerSocket 类是 Java 为程序员提供的开发 Socket 结构的服务器端程序。ServerSocket 类包含了实现一个服务器要求的所有功能。

利用 ServerSocket 类创建一个服务器的典型工作流程如下：

（1）在指定的监听端口创建一个 ServerSocket 类的对象 S；

（2）调用对象 S 的 accept()方法在指定的端口监听到来的连接，并通过 accept()获取连接客户端与服务器的 Socket 对象；

（3）调用 getInputStream()方法和 getOutputStream()方法获得 Socket 对象的输入流和输出流；

（4）服务器与客户端根据一定的协议交互数据，直到一端请求关闭连接；

（5）服务器和客户端关闭连接；

（6）服务器回到第(2)步，继续监听下一次的连接，而客户端运行结束。

ServerSocket 类的构造方法和 Socket 类的构造方法类似。常用的如表 13.6 所示。

表 13.6 ServerSocket 类的常用构造方法

方　　法	说　　明
ServerSocket()	创建非绑定服务器套接字
ServerSocket(int port)	创建一个绑定到指定端口的服务器套接字
ServerSocket(int port, int backlog)	创建服务器套接字，将其绑定到指定的本地端口号，并指定传入连接队列长度为 backlog
ServerSocket(int port, int backlog, InetAddress bindAddr)	创建服务器套接字，指定其端口、连接队列长度 backlog 和绑定的服务器 IP 地址

在通过 ServerSocket 的构造方法创建 ServerSocket 对象时，如果创建失败将触发 IOException 异常。通过上面创建服务器的流程我们可以看出，在创建 ServerSocket 对象后还需要完成一系列设置。ServerSocket 类为我们提供了这些常用的设置方法，具体如表 13.7 所示。

实验十三 网络编程

表 13.7 ServerSocket 类的常用实例方法

方　　法	说　　明
accept()	侦听并接收到此套接字的连接
bind(SocketAddress endpoint)	将 ServerSocket 绑定到特定地址(IP 地址和端口号)
bind(SocketAddress endpoint, int backlog)	设定侦听队列长度 backlog 且将 ServerSocket 绑定到特定地址
close()	关闭套接字
getInetAddress()	返回服务器套接字的本地地址
getLocalPort()	返回套接字在其上侦听的端口
getLocalSocketAddress()	返回套接字绑定的端点的地址，如果尚未绑定则返回 null

在这些成员方法中，accept()方法是 ServerSocket 类中一个重要的方法。它是一个阻塞方法，运行它时将阻塞当前 Java 线程，直到服务器收到客户端的连接请求，accept()方法才能返回一个 Socket 对象，这个 Socket 对象表示当前服务器和某个客户端的连接，通过这个 Socket 对象，服务器和客户端能够进行数据交互。

13.3 实 验 内 容

例 13.1 判定 192.168.1 网段中哪些计算机是活动的。

题目分析：为判定网段中哪些计算机是活动的，只需对网段中所有的计算机 IP 地址进行扫描，分别判断每个 IP 地址的计算机是否可达，这就需要使用 InteAddress 类，以及该类的 isReachable()方法。具体做法是首先声明一个 InetAddress 的实例对象 host，通过类方法 getByName() 获取主机的 IP 地址并以此定义 host 对象。然后通过 InetAddress 类的成员方法 isReachable()判断该主机是否可达，如果可达则输出主机名称和 IP，否则不做任何操作。这样，通过这个判断过程把网段中所有的 IP 地址都判断一下就可以筛选出该网段中的所有活动主机。

程序代码如下：

```java
import java.net.*;
import java.io.*;
public class eg13_1 {
    public static void main(String[] args) throws UnknownHostException {
        String ip = null;
        for (int i = 100; i <= 150; i++) {
            ip = "192.168.1." + i;
            try {
                InetAddress host;
                host = InetAddress.getByName(ip);
```

```
                    if (host.isReachable(1000)) {    //判定主机是否可达
                        String hostname = host.getHostName();
                        System.out.println("IP 地址"
                                + ip
                                + "的主机名称是："
                                + hostname);
                    }
                } catch (IOException e) {
                    e.printStackTrace();
                }
            }
        }
    }
}
```

例 13.2 把指定网页的内容保存到文本文件中。

题目分析：为了获得网页内容，需要使用 URL 类和 File 类，同时结合输入输出流来完成。程序代码如下：

```
import java.io.FileOutputStream;
import java.io.IOException;
import java.io.InputStream;
import java.io.OutputStream;
import java.net.MalformedURLException;
import java.net.URL;
import java.net.URLConnection;
public class eg1302 {
    public static void main(String[] args) throws IOException {
        try {
            URL url = new URL("http://www.neuq.edu.cn/xxgk1/xxjj.htm");
            System.out.println(url.getContent());
            System.out.println(url.getHost());
            System.out.println(url.getPort());
            System.out.println(url.getProtocol());
            System.out.println(url.getFile());
            System.out.println(url.getPath());
            System.out.println(url.getAuthority());
            System.out.println(url.getDefaultPort());
            System.out.println(url.getQuery());
            System.out.println(url.getRef());
            System.out.println(url.getUserInfo());
            System.out.println(url.getClass());
```

```java
            //获取URL指向的资源的数据源连接
            URLConnection conn = url.openConnection();
            InputStream is = conn.getInputStream();
            OutputStream os = new FileOutputStream("d:\\myhtml.txt");
            byte[] buffer = new byte[2048];
            int length = 0;
            while (-1 != (length = is.read(buffer, 0, buffer.length))) {
                os.write(buffer, 0, length);
            }
            is.close();
            os.close();
        } catch (MalformedURLException e) {
            e.printStackTrace();
        }
    }
}
```

程序的运行结果如下:

```
sun.net.www.protocol.http.HttpURLConnection$HttpInputStream@3e3abc88
www.neuq.edu.cn
-1
http
/xxgk1/xxjj.htm
/xxgk1/xxjj.htm
www.neuq.edu.cn
80
null
null
null
class java.net.URL
```

运行结果分析:

在使用 URL 类获取属性的方法中,如果无法获取到相应的属性,则返回 null(返回 String 类型值的属性)或 -1,这是结果中显示 null 的原因。值得注意的是,如果想获得 URL 所指向网页的资源,则可以使用 openConnection()方法。我们可以把 openConnection()方法获得的内容看成数据流的源,建立输入流和输出流,通过数据流访问,并把其连接到我们希望的流目标。本例是把网页文件的资源保存到文件 myhtml.txt 中。

例 13.3 编写一个端口扫描器程序,探测一台主机中开放的端口。

题目分析:要扫描端口,必定要用到 Socket 类。由于通常使用的固定端口范围在 1~1023,所以我们只需循环测试这些端口的可达性即可。而判断一个端口是否可达,可以通过判断是否能够创建该端口的 socket 而不出现异常。我们首先定义一个构造方法用于设置被扫描的主机,然后定义一个 start()方法完成扫描操作。在 start()方法中首先建立一个产生端口号的循环,在循环中为每个端口号创建端口对象,如果能够成功建立,则说明这个端口开放,如果抛出异常 UnknownHostException 则说明本机无法识别目标主机,如果抛出异常 IOException 说明该端口未开放。程序代码如下：

```java
import java.net.*;
import java.io.*;
import java.util.Scanner;
public class eg1304 {
    String host;
    int fromPort, toPort;
    public eg13_3(String host) {
        this.host = host;
        this.fromPort = 1;
        this.toPort = 1023;
    }
    public void start() {
        Socket conn = null;
        for (int port = fromPort; port <= toPort; port++) {
            try {
                conn = new Socket(host, port);
                System.out.println("开放端口" + port);
            } catch (UnknownHostException e) {
                System.out.println("无法识别主机" + host);
                break;
            } catch (IOException e) {
                // System.out.println("未响应端口"+port);
            } finally {
                try {
                    conn.close();
                } catch (Exception e) {
                }
            }
        }
    }
    public static void main(String[] args) {
        Scanner sc = new Scanner(System.in);
        String host = sc.nextLine().trim();
        new eg13_3(host).start();
        System.out.println("扫描结束");
    }
}
```

程序的运行结果如下：

```
localhost
开放端口23
开放端口25
开放端口88
开放端口110
开放端口119
开放端口135
开放端口443
开放端口445
开放端口808
开放端口902
开放端口912
扫描结束
```

例 13.4 利用 socket 读取网络时间。

题目分析：时间服务器用于 Internet 众多的网络设备时间同步。为读取网络时间，我们首先需创建一个时间服务器程序用来生成网络时间，然后再编写一个读取时间服务器发出时间的客户端程序才可以读取网络时间。我们通过 Socket 类的 getInputStream()和 getOutputStream()方法可以获得 socket 连接的输入输出流。通过输入、输出流我们可以从 socket 中读出和写入数据，这样 socket 连接的客户端和服务器就可以传输数据。

对于时间服务器程序，如果我们在运行时不特殊指定时间服务器的端口号，则程序会把端口号设为 37。当时间服务器收到客户端的连接请求会立即向客户端返回一个网络时间。网络时间是一个当前时间和公元 1900 年 1 月 1 日 0 时的秒数差值。

时间服务器程序代码如下：

```java
import java.io.*;
import java.net.*;
import java.util.*;
public class eg13_51 implements Runnable {
    int port;
    public eg13_51() {
        this(37);              //设置时间服务器端口
    }
    public eg13_51(int port) {
        this.port = port;
    }
    public void run() {
        try {                  //创建服务器套接字
            ServerSocket server = new ServerSocket(port);
            while (true) {     //轮流处理多个客户端请求
                Socket conn = null;
```

```java
            try {
                    conn = server.accept();         //等待客户端请求
                    Date now = new Date();          //生成系统时间
                    long netTime = now.getTime() / 1000 + 2208988800L;
                    byte[] time = new byte[4];
                    for (int i = 0; i < 4; i++) {
                            time[3 - i] = (byte) (netTime &
                                    0x00000000000000FFL);
                            netTime >>= 8;
                    }
                                                    //获取套接字输入流并写入网络时间
                    OutputStream out = conn.getOutputStream();
                    out.write(time);
                    out.flush();
            } catch (IOException e) {
            } finally {                             //关闭连接
                    if (conn != null)
                            conn.close();
            }
        }
    } catch (IOException e) {
    }
}
public static void main(String[] args) {
    eg13_51 timeServer = null;
    int port;
    Scanner sc = new Scanner(System.in);
    port = sc.nextInt();
    timeServer = new eg13_51(port);
    new Thread(timeServer).start();
  }
}
```

时间读取客户端程序代码如下:
```java
import java.net.*;
import java.io.*;
import java.util.Scanner;
public class eg13_52 {
    String server; // 时间服务器
    int port;
```

```java
    public eg13_52(String server) {
        this.server = server;
        port = 37;
    }
    public long getNetTime() {
        Socket socket = null;
        InputStream in = null;
        try {
            socket = new Socket(server, port);
            in = socket.getInputStream();
            long netTime = 0;
            for (int i = 0; i < 4; i++) {
                netTime = (netTime << 8) | in.read();
            }
            return netTime;
        } catch (UnknownHostException e) {
            e.printStackTrace();
        } catch (IOException e) {
            e.printStackTrace();
        } finally {
            try {
                if (in != null)
                    in.close();
            } catch (IOException e) {
            }
            try {
                if (socket != null)
                    socket.close();
            } catch (IOException e) {
            }
        }
        return -1;
    }
    public static void main(String[] args) {
        Scanner sc = new Scanner(System.in);
        eg13_52 timeClient = new eg13_52(sc.nextLine().trim());
        System.out.println("当前时间:" + timeClient.getNetTime());
    }
}
```

程序代码分析：

我们首先执行 eg13_51 启动时间服务器，然后运行 eg13_52 启动读取时间客户端。这两个程序组成一个完整的客户端-服务器模型的网络应用。在 eg13_51 中，由于 Date.gettime() 方法产生的时间是基于 1970 年 1 月 1 日 0 点的 long 型毫秒数，而网络时间采用的是基于 1900 年 1 月 1 日 0 点作为时间起点的毫秒数，两个时间的基准点相差 2208988800 秒，所以在生成系统时间时需要通过表达式 netTime = now.getTime() / 1000 + 2208988800L 来转换一下。在 eg13_52 中我们调用了 socket.getInputStream() 获得 socket 的输入流，并从中读取 4 字节的原始数据。由于 Java 没有无符号整数，例子中使用一个 long 型变量 netTime 存储 4 字节的无符号整数。

13.4　思考题与练习程序

(1) 编写一个程序 ScanPorts.java，扫描本机中 1000 以内的端口，显示正在使用的端口号，要求采用多线程方式实现。

(2) 编写一个服务器端程序 Server.java，该程序在 9000 端口监听客户端的请求，如果与客户端连接后，收到客户端发送的数据不是字符串"goodbye"则在服务器端输出客户端发来的数据，并向客户端回送一条从键盘输入的信息，若客户端发送的信息是"goodbye"则关闭服务端程序。

(3) 编写一个客户服务器结构的程序，要求客户端向服务器端发送一个文件名，则服务器端会把指定位置的文件发送给客户端。

实验十四 综合设计性实验

14.1 实验目的

(1) 了解 Java 应用软件的开发过程；
(2) 掌握用例图的画法；
(3) 掌握类的设计和类图的画法；
(4) 掌握多个类的互相调用的方法和程序调试方法。

14.2 实验预习

14.2.1 程序设计的一般步骤

一般的软件设计与开发都需要遵循以下几个基本步骤：

(1) 可行性分析。可行性分析是指在我们明确了要开发一个什么样的软件后，从开发技术、开发成本与收益和社会效益等方面分析、衡量和论证开发此软件是否可行。只有经过论证并确定可行的软件开发项目才能着手开发。

(2) 需求分析。需求分析是指为了弄清需要开发的软件的具体功能。它包括软件功能、性能、可靠性、安全性等方面。经过需求分析，可以明确要开发软件的功能和性能。

(3) 总体设计。总体设计主要是指设计软件的结构、功能模块、UI 界面、数据库结构、类的关系和结构等。

(4) 详细设计。详细设计根据总体设计的结果，主要针对类中的方法实现，设计相关的算法和程序流程。

(5) 编码。编码是指根据详细设计的结果，用程序设计语言编写程序实现算法、程序流程、方法和类等。在开发一些相对简单的小型软件时，详细设计和编码也可以放在一起同步进行。

(6) 测试。测试包括模块测试和总体测试两部分，模块测试是针对软件中的模块(如一个类、方法或算法)进行的测试，用以验证其有效性。总体测试是指在完成所有的模块测试后，把软件所有的模块组合成完整的软件，测试其兼容性和有效性。

(7) 发布。软件在测试成功后才会面临打包发布的问题。软件的发布通常指把软件涉及到的各种程序和文档有机组合，并打包交付给用户的过程。

14.2.2 用例图

用例图可用来说明"用户使用系统能够做什么事"或说明"系统能够为用户处理什么样的情况"。用例图的基本元素包括角色、用例、联系和系统边界。

(1) 角色简单地扮演着人或者对象,它是指与系统交互的人或其他系统。角色用人状的图标表示,并辅以角色名。

(2) 用例代表某些用户可见的功能,实现一个具体的目标。用例通常用带有说明文字的椭圆描述。

(3) 联系表示角色与用例之间的关系或通信联系,通常用直线或带箭头的线表示,它可以表示角色和用例之间的联系,也可以表示用例和用例之间的联系。

(4) 系统边界是用来表示正在建模系统的边界。边界内表示系统的组成部分,边界外表示系统外部。系统边界在画图中用方框来表示,同时附上系统的名称。

14.2.3 类图

类结构设计是软件设计过程中的核心部分。我们根据用例图所描述的需求,确定软件需要使用的接口、类和对象、接口和类中的成员变量和成员方法以及这些类和接口之间的关系。然后画出软件的 UML 类图。在 UML 中,类和接口的表示方式如图 14.1 所示。

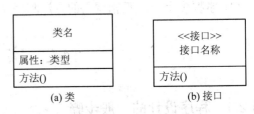

图 14.1 类和接口的表示方式

在面向对象的分析和设计方法中,类之间常见的有泛化、实现、关联、聚合、组合和依赖六种关系。

(1) 泛化(Generalization):是一种继承关系,表示一般与特殊的关系,它指定了子类如何特化父类的所有特征和行为。例如:老虎是动物的一种,既有老虎的特性也有动物的共性。因此,老虎类和动物类之间是泛化关系。泛化关系可以用图 14.2 表示。

(2) 实现(Realization):是一种类与接口的关系,表示类是接口所有特征和行为的实现。用带三角箭头的虚线表示,其中箭头指向接口。如图 14.3 所示。

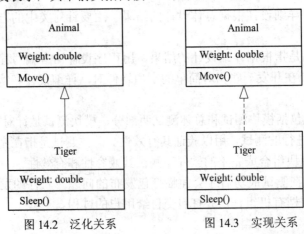

图 14.2 泛化关系   图 14.3 实现关系

(3) 关联(Association)：表示两个类的对象之间存在某种语义上的联系。如：老师与学生，丈夫与妻子。关联可以是双向的，也可以是单向的。双向的关联可以有两个箭头或者没有箭头，单向的关联有一个箭头。如图 14.4 所示，老师与学生是双向关联，老师有多名学生，学生也可能有多名老师。但学生与某课程间的关系为单向关联，一名学生可能要上多门课程，课程是个抽象的东西，它不拥有学生。在代码中通常用成员变量来实现关联关系。

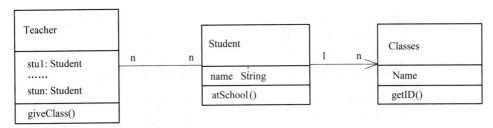

图 14.4　关联关系

(4) 聚合(Aggregation)：是整体与部分的关系，且部分可以离开整体而单独存在。如车和轮胎是整体和部分的关系，轮胎离开车仍然可以存在。聚合关系通过带空心菱形的实心线表示，其中菱形指向整体。如图 14.5 所示。在代码中通常用成员变量来实现聚合关系。

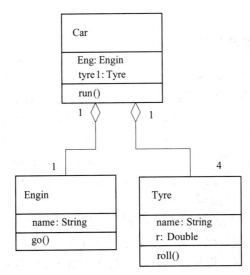

图 14.5　聚合关系

(5) 组合(Composition)：是整体与部分的关系，但部分不能离开整体而单独存在。如公司和部门是整体和部分的关系，没有公司就不存在部门。组合通过带实心菱形的实线表示，其中菱形指向整体。如图 14.6 所示。在代码中通常用成员变量来实现组合关系。

(6) 依赖(Dependency)：是一种使用的关系，即一个类的实现需要另一个类的协助，所以应尽量不使用双向的互相依赖。依赖采用带箭头的虚线表示，箭头指向被使用者。如图 14.7 所示。在代码中通常用局部变量、方法的参数或者对静态方法的调用来表示依赖关系。

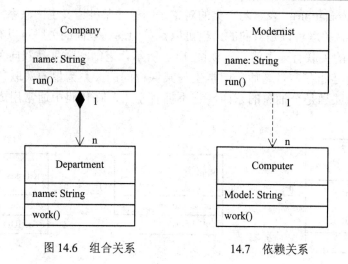

图 14.6　组合关系　　　　14.7　依赖关系

14.3　实 验 内 容

编程实现"学生成绩管理系统"。要求程序允许用户通过成绩管理系统批量输入学生的信息和批量输出学生的信息。且允许用户可以对每个学生的成绩和信息实现增、删、改、查、排序和输出等功能。

14.3.1　可行分析和需求分析

系统属于管理信息系统软件，数据的存储可以采用数据库、数据文件或者具有特定格式的数据文件(如 Excel 表格)等。数据处理可以通过 Java 语言编程完成。由于 Java 语言和数据库、数据文件等都可以采用免费版本，因此从经济和法律的角度来看是可行的。本系统完成的是学生成绩管理，从题目要求来看难度不高，涉及的编程技术包括：Java 界面设计、Java 文件读写、数据列表排序和输出等技术，适合于初学 Java 的程序员编写。即从技术的角度上说也是可行的。因此开发此软件在经济上、法律上和技术上均可行。

根据题目要求，系统的功能需求可以描述为：

(1) 系统运行需要一个用户界面。在界面中需要为用户提供增加学生信息、删除学生信息、修改学生信息、查找学生信息、按学号对所有学生信息进行排序、按成绩对所有学生进行排序、批量导入数据、批量导出数据、查看全部学生信息和退出系统等功能选项。

(2) 系统需要学生信息的输入和输出手段，包括批量输入、输出和单个学生信息的输入、输出。

(3) 系统需要为用户提供根据学生学号查找学生信息的功能。

(4) 系统需要为用户提供对学生信息的各种排序功能，常见的有按学号排序和按成绩排序等。

(5) 系统需要为用户提供对学生信息的增加功能。

(6) 系统需要为用户提供对学生信息的删除功能。

(7) 系统需要为用户提供对学生信息的查看功能。

根据以上需求分析可以画出相应的用例图，如图 14.8 所示。

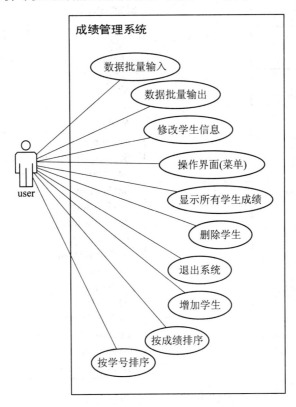

图 14.8　系统用例图

14.3.2　总体设计

根据题意，学生信息可以存储在数据文件中，也可以存储在数据库或 Excel 表格中。在此为了实现起来更方便，我们采用把数据存储在数据文件中的形式存储学生的各种信息。学生信息的基本格式如下：

　　　　　　　　学生姓名　　性别　　年龄　　成绩　　年级　　学号

其中，学生姓名和性别采用 String 类型，年龄、成绩、年级和学号采用 int 类型。

根据需求分析的结果，程序功能的设计可以用一个类来实现，每个功能分别是类的一个成员方法。为了表示学生信息，可以把学生信息设计成为一个学生类，以完成学生信息的存储。根据这个思路，我们设计相应的类图。

如图 14.9 所示，整个程序分成两个类：Student 类和 ManageArrayList 类。

类 Student 包含一个学生的各种信息以及信息的输入、输出方法，此外在 Student 类中还包括一个学生所有信息的输出方法和构造方法。

类 ManageArrayList 类是系统的主类，在此类中包括 4 个成员变量：al、scanner、ScoreComparator、SidComparator。其中成员变量 al 用来保存所有学生信息的列表；Scanner 用来获取用户通过控制台输入学生的信息；ScoreComparator、SidComparator 重新定义了学生的成绩比较方法对象和学号比较方法对象。

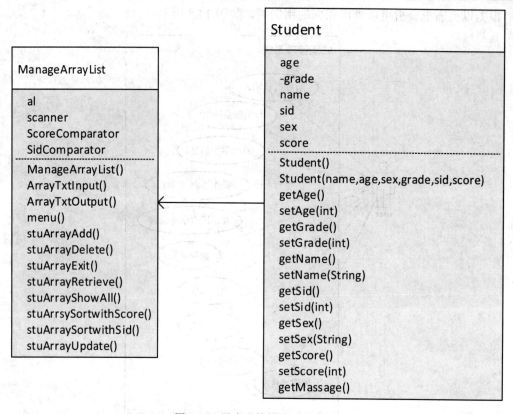

图 14.9　学生成绩管理系统类图

在 ManageArrayList 类中还为每种操作定义了相应的方法。

(1) ManageArrayList()：构造方法。

(2) ArrayTxtInput()：从格式化的文本文件中输入学生信息数据。文本文件的存储格式是每个学生的信息根据学生姓名、性别、年龄、成绩、班级、学号的格式存储。程序通过用户输入的数据文件存储位置打开文件并读入数据。

(3) ArrayTxtOutput()：把学生信息批量地输出到指定存储位置的文本文件。

(4) menu()：显示软件的操作界面和菜单，允许用户选择软件的各种功能。

(5) stuArrayAdd()：向系统中增加一个学生的信息。

(6) stuArrayDelete()：根据学号删除系统中一个学生的信息。

(7) stuArrayExit()：退出系统。

(8) stuArrayRetrieve()：根据学号查询相应学生的信息。

(9) stuArrayShowAll()：显示系统中所有学生的信息。

(10) stuArrsySortwithScore()：对系统中的学生信息按照学生的成绩排序。

(11) stuArraySortwithSid()：对系统中学生的信息按照学号排序。

(12) stuArrayUpdate()：根据学号更新学生的信息。

14.3.3　详细设计

根据以上的总体设计分别对各个方法进行详细设计。在此详细说明其中较复杂方法的程序流程。

1. menu()方法

menu()方法用于显示系统各个功能的菜单，为了说明方便，我们把菜单设计成能在控制台上运行的菜单。其基本流程图如图 14.10 所示。

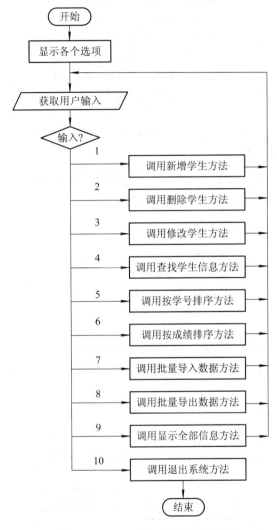

图 14.10 menu()方法的算法流程图

在 menu()方法中，首先通过若干个 println()方法提示用户菜单内容，然后采用在控制台上输入的方式获取用户输入信息。程序要求用户输入选择项的编号，根据用户输入编号的不同，执行不同的处理。

2. stuArrayAdd()方法

stuArrayAdd()方法的主要功能是向系统中输入一个学生的信息。为此，我们采用在控制台上输入的方式获取用户的输入，然后把输入的内容组成一个 Student 对象，并加入到学生列表对象 al 中。程序流程如图 14.11 所示。

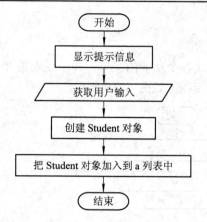

图 14.11 stuArrayAdd()方法的算法流程图

3. stuArrayDelete()方法

stuArrayDelete()方法的主要功能是删除 al 列表中的符合用户输入学号的学生信息。为完成此功能我们设计了如图 14.12 所示的算法流程。

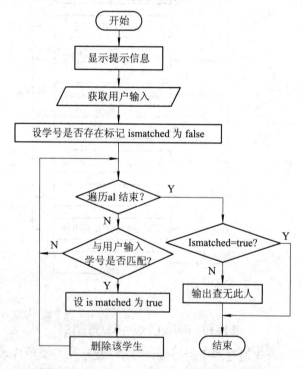

图 14.12 stuArrayDelete() 方法的算法流程图

算法中首先从控制台获取用户输入的学号，然后设定一个查找标记 ismatched，假设该标记为 false 则代表系统中无此人。然后遍历整个学生信息表，如果有匹配的学生则删除该学生的信息，否则不做任何操作。

4. stuArrayUpdate()方法

stuArrayUpdate()方法的主要功能是根据用户给出的学号和新学生信息，修改系统中的相关学生信息。为完成此功能，我们需要先找到需要修改信息的学生，然后用新的信息覆盖原来的学生信息。因此我们设计了如图 14.13 所示的算法流程。

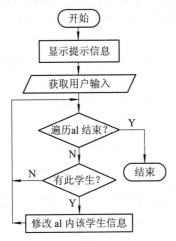

图 14.13　stuArrayUpdate()方法的算法流程图

5. ArrayTxtInput()方法

ArrayTxtInput()方法是从用户指定的文本格式的数据文件中把所有学生信息读入系统中的 al 列表。

为完成此功能，我们需要使用文件类和字符输入流等知识。其具体算法流程如图 14.14 所示，首先获取用户输入的文件位置和文件名并创建文件对象 file，然后创建字符输入流对象 is，并把字符输入流的输入端连接到文件对象 file 上，然后通过为此输入流创建一个 Scanner 对象，利用 Scanner 对象的不同数据类型的读取功能从字符输入流中读出学生的各项信息，并把这些信息组成学生信息对象数组，最后把这个学生对象加入到学生列表 al 中。

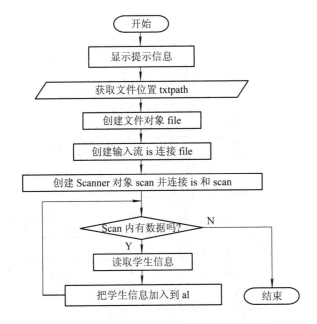

图 14.14　ArrayTxtInput()方法的算法流程图

6. stuArrsySortwithScore()方法

stuArrsySortwithScore()方法是对系统中的学生信息按照学生的成绩排序。由于按照学号排序的方法 stuArrsySortwithSid()的算法和它类似,因此这里只给出 stuArrsySortwithScore()方法的算法流程图。

如图 14.15 所示,我们采用 JDK 中 Collections 类已有的排序方法对数组列表对象 al 进行排序。stuArrsySortwithSid()方法与 stuArrsySortwithScore()方法所不同的是,在调用 Collections 类的 sort 方法时采用的排序的比较方法对象不同。

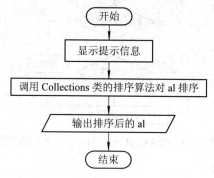

图 14.15　stuArrsySortwithScore()方法的算法流程图

7. ArrayTxtOutput()方法

ArrayTxtOutput()方法是把系统的学生列表对象 al 中的所有学生信息输出到用户指定的文本格式的数据文件中。

为完成此功能,我们设计了如图 14.16 所示的数据输出算法流程。

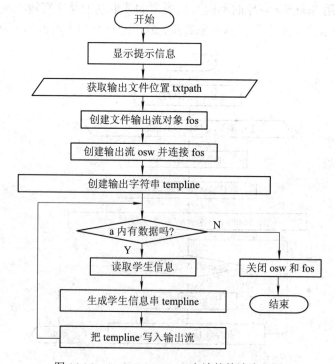

图 14.16　ArrayTxtOutput()方法的算法流程图

在算法中，首先根据用户的输入获取文件的位置，然后根据此文件位置创建文件输出流 fos，同时创建字符数据输出流 osw，并把 ows 与文件输出流 fos 相连。在完成字符输出的准备工作后，循环读取 al 列表中的每一个学生信息并把它们组成输出字符串 templine，把 templine 写入到数据输出流 osw 中完成数据输出，最后关闭相关数据流。

14.3.4 编码

根据 14.3.2 节的总体设计思想和 14.3.3 节的算法，我们可以编写出如下代码。

1. Strudent 类

```java
public class Student {
    private String name;
    private String sex;
    private int grade;
    private int sid;
    private int score;
    private int age;
    public Student() {
        super();
    }
    public Student(String name, String sex, int grade, int sid, int score, int age) {
        this.name = name;
        this.sex = sex;
        this.grade = grade;
        this.sid = sid;
        this.score = score;
        this.age = age;
    }
    public String getname() {
        return name;
    }
    public String getsex() {
        return sex;
    }
    public int getgrade() {
        return grade;
    }
    public int getsid() {
        return sid;
    }
```

```java
        public int getscore() {
            return score;
        }
        public int getage() {
            return age;
        }
        public void setname(String name) {
            this.name = name;
        }
        public void setsex(String sex) {
            this.sex = sex;
        }
        public void setgrade(int grade) {
            this.grade = grade;
        }
        public void setsid(int sid) {
            this.sid = sid;
        }
        public void setscore(int score) {
            this.score = score;
        }
        public void setage(int age) {
            this.age = age;
        }
        public String getmassage() {
            return "姓名：" + name + " 年龄：" + age + " 性别：" + sex +
            " 成绩：" + score + " 年级：" + grade + " 学号：" + sid;
        }
    }
```

2. **ManageArrayList 类**

```java
        import java.io.File;
        import java.io.FileInputStream;
        import java.io.FileNotFoundException;
        import java.io.FileOutputStream;
        import java.io.IOException;
        import java.io.InputStream;
        import java.io.InputStreamReader;
        import java.io.OutputStreamWriter;
```

```java
import java.util.ArrayList;
import java.util.Collections;
import java.util.Comparator;
import java.util.Scanner;
public class ManageArrayList {
    ArrayList<Object> al = new ArrayList<Object>();
    Scanner scanner = new Scanner(System.in);
    public ManageArrayList() {
        super();
    }
    public void menu() {
        int option;
        while (true) {
            System.out.println("\n**************************************");
            System.out.println("==============学生学籍管理系统==============");
            System.out.println("1.新增学生  2.删除学生");
            System.out.println("3.修改学生  4.查找学生");
            System.out.println("5.学号排序  6.成绩排序");
            System.out.println("7.导入数据  8.导出数据");
            System.out.println("9.查看全部  10.退出系统");
            System.out.println("输入 1-10 进行操作：");
            option = scanner.nextInt();
            switch (option) {
            case 1:
                stuArrayAdd();
                break;
            case 2:
                stuArrayDelete();
                break;
            case 3:
                stuArrayUpdate();
                break;
            case 4:
                stuArrayRetrieve();
                break;
            case 5:
                stuArraySortwithSid();
                break;
            case 6:
```

```java
                    stuArraySortwithScore();
                    break;
                case 7:
                    ArrayTxtInput();
                    break;
                case 8:
                    ArrayTxtOutput();
                    break;
                case 9:
                    stuArrayShowAll();
                    break;
                case 10:
                    stuArrayExit();
                    break;
                default:
                    break;
            }
        }
    }
    public void stuArrayExit() {
        System.out.println("确认退出系统？(y/n)");
        if (scanner.next().equals("y")) {
            System.out.println("退出系统成功！");
            scanner.close();
            System.exit(-1);
        }
    }
    public void stuArrayAdd() {
        String name, sex, sid;
        int score, age, grade;
        System.out.println("操作：新增学生");
        System.out.println("请输入学生信息：");
        System.out.println("姓名：");
        name = scanner.next();
        System.out.println("年龄：");
        age = scanner.nextInt();
        System.out.println("性别：");
        sex = scanner.next();
        System.out.println("成绩：");
```

实验十四 综合设计性实验

```java
            score = scanner.nextInt();
            System.out.println("年级：");
            grade = scanner.nextInt();
            System.out.println("学号：");
            sid = scanner.next();
            Object[] student = new Object[6];
            student[0] = name;
            student[1] = age;
            student[2] = sex;
            student[3] = score;
            student[4] = grade;
            student[5] = sid;
            al.add(student);
            System.out.println("学生信息新增成功！");
        }
        public void stuArrayDelete() {
            String sid;
            boolean ismatched = false;    //学号是否存在
            System.out.println("操作：删除学生");
            System.out.println("请输入学号：");
            sid = scanner.next();
            // 匹配学生学号
            for (int i = 0; i < al.size(); i++) {
                Object[] student = (Object[]) al.get(i);
                System.out.println((String)student[5]+"    "+sid);
                if (((String)student[5]).equals(sid)) {
                    ismatched = true;
                    // 打印学生名字，再次确认学生信息
                    System.out.println("确认删除" + String.valueOf(student[0])+
                                                        "学籍？(y/n)");
                    if (scanner.next().equals("y")) {
                        al.remove(i);
                        System.out.println("学生信息删除成功！");
                    } else {
                        System.out.println("删除操作已取消！");
                    }
                    break;
                }
            }
```

```java
        if (ismatched == false) {
            System.out.println("该学号不存在！请确认输入是否无误！");
        }
    }
    public void stuArrayUpdate() {
        String sex,sid;
        int score, age, grade;
        String massage;
        boolean ismatched = false;
        System.out.println("操作：修改学生");
        System.out.println("请输入学号：");
        sid = scanner.next();
        // 匹配学生学号
        for (int i = 0; i < al.size(); i++) {
            Object[] student = (Object[]) al.get(i);
            if (((String)student[5]).equals(sid)) {
                ismatched = true;
                System.out.println("确认修改" + String.valueOf(student[0]) +
                                                            "学籍？(y/n)");
                if (scanner.next().equals("y")) {
                    System.out.println("请输入学生信息：");
                    System.out.println("年龄：");
                    age = scanner.nextInt();
                    student[1] = age;
                    System.out.println("性别：");
                    sex = scanner.next();
                    student[2] = sex;
                    System.out.println("成绩：");
                    score = scanner.nextInt();
                    student[3] = score;
                    System.out.println("年级：");
                    grade = scanner.nextInt();
                    student[4] = grade;
                    // 打印修改后的学生学籍信息
                    massage = "姓名：" + String.valueOf(student[0]) +
                            " 年龄：" + String.valueOf(student[1]) +
                            " 性别：" + String.valueOf(student[2]) +
                            " 成绩：" + String.valueOf(student[3]) +
                            " 年级：" + String.valueOf(student[4]) +
```

```
                    " 学号： " + String.valueOf(student[5]);
                al.set(i, student);
                System.out.println("学生信息修改成功！");
                System.out.println(massage);
            } else {
                System.out.println("删除操作已取消！");
            }
            break;
        }
    }
    if (ismatched == false) {
        System.out.println("学号不存在！请确认输入是否无误！");
    }
}
public void stuArrayRetrieve() {
    String sid;
    String massage;
    boolean ismatched = false;
    System.out.println("操作：查找学生");
    System.out.println("请输入学号：");
    sid = scanner.next();
    for (int i = 0; i < al.size(); i++) {
        Object[] student = (Object[]) al.get(i);
        if (((String)student[5]).equals(sid)) {
            ismatched = true;
            System.out.println("确认查询" + String.valueOf(student[0]) +
                                        "学籍？(y/n)");
            if (scanner.next().equals("y")) {
                // 打印修改后的学生学籍信息
                massage = "姓名：" + String.valueOf(student[0]) +
                        " 年龄： " + String.valueOf(student[1]) +
                        " 性别： " + String.valueOf(student[2]) +
                        " 成绩： " + String.valueOf(student[3]) +
                        " 年级： " + String.valueOf(student[4]) +
                        " 学号： " + String.valueOf(student[5]);
                System.out.println("学生信息查询成功！");
                System.out.println(massage);
            } else {
                System.out.println("查询操作已取消！");
```

```java
            break;
        }
        if (ismatched == false) {
            System.out.println("学号不存在！请确认输入是否无误！");
        }
    }

    public void stuArrayShowAll() {
        System.out.println("操作：查看全部");
        String massage;
        System.out.println("所有学生学籍信息如下：");
        for (int i = 0; i < al.size(); i++) {
            Object[] student = (Object[]) al.get(i);
            massage = "姓名：" + String.valueOf(student[0]) +
                    " 年龄：" + String.valueOf(student[1]) +
                    " 性别：" + String.valueOf(student[2]) +
                    " 成绩：" + String.valueOf(student[3]) +
                    " 年级：" + String.valueOf(student[4]) +
                    " 学号：" + String.valueOf(student[5]);
            System.out.println(massage);
        }
    }

    Comparator<Object> SidComparator = new Comparator<Object>() {
        public int compare(Object op1, Object op2) {
            Object[] st1 = (Object[]) op1;
            Object[] st2 = (Object[]) op2;
            // 按姓名排序
            if(((String) st1[5]).compareTo((String) st2[5])<0)
                return -1;
            else if (((String) st1[5]).compareTo((String) st2[5])>0)
                return 1;
            else
                return 0;
        }
    };
    Comparator<Object> ScoreComparator = new Comparator<Object>() {
```

```
        public int compare(Object op1, Object op2) {
            Object[] st1 = (Object[]) op1;
            Object[] st2 = (Object[]) op2;
            if ((int) st1[3] < (int) st2[3])
                return 1;
            else if ((int) st1[3] > (int) st2[3])
                return -1;
            else
                return 0;
        }
    };
    public void stuArraySortwithSid() {
        System.out.println("操作：学号排序");
        long startTime = System.nanoTime(); // 获取开始时间
        Collections.sort(al, SidComparator);
        long endTime = System.nanoTime(); // 获取结束时间
        String massage;
        System.out.println("所有学生学籍信息如下：");
        for (int i = 0; i < al.size(); i++) {
            Object[] student = (Object[]) al.get(i);
            massage = "姓名：" + String.valueOf(student[0]) +
                    " 年龄：" + String.valueOf(student[1]) +
                    " 性别：" + String.valueOf(student[2]) +
                    " 成绩：" + String.valueOf(student[3]) +
                    " 年级：" + String.valueOf(student[4]) +
                    " 学号：" + String.valueOf(student[5]);
            System.out.println(massage);
        }
        System.out.println("\n 非记录结构学号排序花费时间： " +
                (endTime - startTime) + "ns");
    }
    public void stuArraySortwithScore() {
        System.out.println("操作： 成绩排序");
        long startTime = System.nanoTime(); // 获取开始时间
        Collections.sort(al, ScoreComparator);
        long endTime = System.nanoTime(); // 获取结束时间
        String massage;
        System.out.println("所有学生学籍信息如下：");
        for (int i = 0; i < al.size(); i++) {
```

```java
            Object[] student = (Object[]) al.get(i);
            massage = "姓名：" + String.valueOf(student[0]) +
                    " 年龄：" + String.valueOf(student[1]) +
                    " 性别：" + String.valueOf(student[2]) +
                    " 成绩：" + String.valueOf(student[3]) +
                    " 年级：" + String.valueOf(student[4]) +
                    " 学号：" + String.valueOf(student[5]);
            System.out.println(massage);
        }
        System.out.println("\n 非记录结构成绩排序花费时间：   " +
                            (endTime - startTime) + "ns");
    }
    public void ArrayTxtInput(){
        String txtpath;
        String name, sex,sid;
        int score, age, grade;
        System.out.println("操作：导入数据");
        System.out.println("请输入导入 txt 文件路径：");
        txtpath = scanner.next();
        File file = new File(txtpath);
        try {
            // 创建输入流，读取 txt
            InputStream is = new FileInputStream(file.getAbsolutePath());
            Scanner scan=new Scanner(is);
            while(scan.hasNext()){
                name = scan.next();
                age =scan.nextInt();
                sex =scan.next();
                score =scan.nextInt();
                grade = scan.nextInt();
                sid = scan.next();
                System.out.println(name+age+sex+score+grade+sid);
                Object[] student = new Object[6];
                student[0] = name;
                student[1] = age;
                student[2] = sex;
                student[3] = score;
                student[4] = grade;
                student[5] = sid;
```

```java
                    al.add(student);
                }
                System.out.println("学生信息导入成功！");
        } catch (FileNotFoundException e) {
            System.err.println("出现错误：未能找到文件！学生信息导入失败！");
            e.printStackTrace();
        }catch (NumberFormatException e) {
            System.err.println("出现错误：学生数据格式错误！学生信息导入失败！");
            e.printStackTrace();
        } catch (IOException e) {
            System.err.println("出现错误：IO 流异常！学生信息导入失败！");
            e.printStackTrace();
        }
    }
    public void ArrayTxtOutput(){
        String etxtpath;
        System.out.println("操作：导出数据");
        System.out.println("请输入导出 TxT 文件路径：");
        etxtpath = scanner.next();
        try {
            FileOutputStream fos = new FileOutputStream(etxtpath);
            OutputStreamWriter osw = new OutputStreamWriter(
                    new FileOutputStream(etxtpath), "GBK");
            String templine=new String();
            for (int i = 1; i <= al.size(); i++) {
                Object[] student = (Object[]) al.get(i - 1);
                templine=String.valueOf(student[0])+
                        '\t'+String.valueOf(student[1])+
                        '\t'+String.valueOf(student[2])+
                        '\t'+String.valueOf(student[3])+
                        '\t'+String.valueOf(student[4])+
                        '\t'+String.valueOf(student[5])+'\t'+"\n";
                osw.append(templine);
            }
            osw.close();
            fos.close();
            System.out.println("学生信息导出成功！");
        } catch (IOException e) {
            e.printStackTrace();
```

```
        }
    }
    public static void main(String args[]){
        ManageArrayList mal = new ManageArrayList();
        mal.menu();
    }
}
```

14.3.5 测试

测试是检验设计和编码正确性的主要手段。由于本软件规模不大，因此省去了分段测试的步骤，在这里仅仅对软件的各个功能进行一个简单的检验。

我们首先运行软件得到如图 14.17 所示的菜单。

```
************************************************
===============学生学籍管理系统=============
1.新增学生 2.删除学生
3.修改学生 4.查找学生
5.学号排序 6.成绩排序
7.导入数据 8.导出数据
9.查看全部 10.退出系统
输入1-10进行操作：
```

图 14.17　菜单界面

当输入 1 时得到如图 14.18 所示界面。

在输入如图 14.19 所示的信息后系统提示学生信息新增成功，并再次显示菜单提示用户操作。

```
                                    张三
                                    年龄：
                                    18
                                    性别：
                                    男
                                    成绩：
                                    87
     1                              年级：
操作：新增学生                        2
请输入学生信息：                      学号：
姓名：                               20180101
                                    学生信息新增成功！
```

图 14.18　新增学生界面 1　　　　图 14.19　新增学生界面 2

我们输入若干条学生信息后可以选择其他功能。比如输入 8，选择导出数据，这时系统会给出如图 14.20 所示的提示信息。

```
            8
        操作：导出数据
        请输入导出TxT文件路径：
```

图 14.20　批量导出学生信息界面

在输入数据文件的路径后按回车键会看到"学生信息导出成功"的提示性信息和要求用户继续操作的菜单。

需要注意的是，输入的文件要求是文件需要有已经存在的文件路径，如果已提前在 F 盘根目录中创建了数据文件 stu2018.txt，那么我们可以输入文件路径"f:\stu2018.txt"。

通过选择9，可以看到所有的学生信息，如图 14.21 所示。

```
9
操作：查看全部
所有学生学籍信息如下：
姓名：张三 年龄：18 性别：男 成绩：87 年级：2 学号：20180101
姓名：李四 年龄：20 性别：女 成绩：98 年级：2 学号：20180203
姓名：王五 年龄：19 性别：男 成绩：76 年级：2 学号：20180103
```

图 14.21 查看学生全部信息界面

为了测试排序方法是否正确可以选择 5 和 6，图 14.22 给出了按学号排序的结果。

```
5
操作：学号排序
所有学生学籍信息如下：
姓名：张三 年龄：18 性别：男 成绩：87 年级：2 学号：20180101
姓名：王五 年龄：19 性别：男 成绩：76 年级：2 学号：20180103
姓名：李四 年龄：20 性别：女 成绩：98 年级：2 学号：20180203
```

图 14.22 按学号排序运行结果

为了测试查找方法，可以选择 4，并输入学号"20180103"得到如图 14.23 所示的结果。

```
4
操作：查找学生
请输入学号：
20180103
确认查询王五学籍？(y/n)
y
学生信息查询成功！
姓名：王五 年龄：19 性别：男 成绩：76 年级：2 学号：20180103
```

图 14.23 按学号查询结果

为测试修改方法，可以将王五的成绩由 76 改为 80，操作后结果如图 14.24 所示。

```
3
操作：修改学生
请输入学号：
20180103
确认修改王五学籍？(y/n)
y
请输入学生信息：
年龄：
19
性别：
男
成绩：
80
年级：
2
学生信息修改成功！
姓名：王五 年龄：19 性别：男 成绩：80 年级：2 学号：20180103
```

图 14.24 修改学生信息结果

为测试删除学生模块，可以选择 2，系统提示删除学生的学号，输入"20180101"得到如图 14.25 所示的结果。

```
2
操作：删除学生
请输入学号：
20180101
20180101    20180101
确认删除张三学籍？(y/n)
y
学生信息删除成功！
```

图 14.25　删除学生信息结果

未测试批量导入数据是否可用，可选择 7，并输入数据文件的位置即可。比如我们导入已有的数据文件"f:\stu2018.txt"可看到如图 14.26 所示的结果。

```
7
操作：导入数据
请输入导入txt文件路径：
f:\stu2018.txt
张三18男87220180101
王五19男76220180103
李四20女98220180203
学生信息导入成功！
```

图 14.26　批量导入学生信息结果

通过对各个功能的检验，我们可以得到软件在正确运行和错误运行下的各种运行结果，通过对运行结果的分析，可以更加完善我们的程序。在这里只给出了正确操作得到的结果。实际上这个程序还有很多不足需要弥补。此程序只为给大家演示一下 Java 软件开发的一个基本过程，因此功能做得很弱。有兴趣的同学可以对其加以完善。

14.4　思考题与练习程序

(1) 把数组列表(ArrayList)改成链表(LinkList)实现上节中的"学生学籍管理系统"。
(2) 把用户界面改成图形用户界面，实现"学生学籍管理系统"。
(3) 改变数据存储方式，采用数据库来保存数据，实现"学生学籍管理系统"。
(4) 改变数据存储方式，采用 Excel 来保存数据，实现"学生学籍管理系统"。

附录 A 常见错误列表

错误名称	错误信息	错误原因
找不到符号	cannot find symbol	当代码中引用一个没有声明的变量时报错 当引用一个方法但没有在方法名后加括号时报错 当忘记导入所使用的包时报错
类 X 是 public 的，应该被声明在名为 X.java 的文件中	class xxx is public, should be declared in a file named xxx.java	当类名与文件名不匹配时报错
缺失类、接口或枚举类型	class, interface, or enum expected	当括号不匹配、不成对时报错
缺失标识符	xxx expected	当编译器检查到代码中缺失字符时会出现"缺失 XXX"的信息。当把代码写在了方法外时会出现这个错误
非法的表达式开头	illegal start of expression	当编译器遇到一条不合法的语句时报错
类型不兼容	incompatible types	当程序没有正确处理与类型相关的问题时报错
非法的方法声明；需要返回类型	invalid method declaration; return type required	当一个方法没有声明返回类型时报错
数组越界	java.lang.ArrayIndexOutOfBoundsException	当使用不合法的索引访问数组时报错
字符串索引越界	java.lang.StringIndexOutOfBoundsException	当在程序中访问一个字符串的非法索引时报错
类 Y 中的方法 X 参数不匹配	method xxx in class yyy cannot be applied to given types;	当在调用函数时参数数量或顺序不对时报错
缺少 return 语句	missing return statement	当声明一个有返回值的方法，但是没有写 return 语句时报错
精度损失	possible loss of precision	当把信息保存到一个变量中，而信息量超过了这个变量的所能容纳的能力时报错
在解析时到达了文件结尾	reached end of file while parsing	当没有用大括号关闭程序时报错
执行不到的语句	unreachable statement	当编译器检测到某些语句在整个程序流程中不可能被执行到时报错
变量没被初始化	variable xxx might not have been initialized	当在程序中引用一个未被初始化的变量时报错

附录 B 实验报告模板

东北大学秦皇岛分校计算中心

实　验　报　告

实验题目：						
专业：		班级：		学号：		姓名：
实验日期：		机器号：		实验得分：		指导教师签字：

一、实验目的

二、实验内容(习题)

三、实验结果分析